计算机网络安全技术研究

傅学磊　范峰岩　高磊　著

延边大学出版社

图书在版编目（CIP）数据

计算机网络安全技术研究 / 傅学磊，范峰岩，高磊著. -- 延吉 : 延边大学出版社，2022.9
ISBN 978-7-230-03871-3

Ⅰ. ①计… Ⅱ. ①傅… ②范… ③高… Ⅲ. ①计算机网络－网络安全－研究 Ⅳ. ①TP393.08

中国版本图书馆 CIP 数据核字(2022)第 172760 号

计算机网络安全技术研究

著　　者：傅学磊　范峰岩　高　磊
责任编辑：具红光
封面设计：正合文化
出版发行：延边大学出版社
社　　址：吉林省延吉市公园路 977 号　　邮　　编：133002
网　　址：http://www.ydcbs.com　　E-mail：ydcbs@ydcbs.com
电　　话：0433-2732435　　传　　真：0433-2732434
印　　刷：廊坊市广阳区九洲印刷厂
开　　本：787×1092　1/16
印　　张：10
字　　数：200 千字
版　　次：2022 年 9 月 第 1 版
印　　次：2022 年 9 月 第 1 次印刷
书　　号：ISBN 978-7-230-03871-3

定价：68.00 元

前　言

随着科技和互联网的飞速发展，计算机在人们的日常工作和生活中的应用范围迅速扩大，已经渗透到人们工作和生活的各个领域。但由于计算机网络的开放性，计算机病毒层出不穷，网络安全受到威胁。因此，对网络安全的威胁必须采取有效的计算机网络安全技术，保障现代社会人们工作和生活的正常进行。

本书系统地介绍了信息与网络安全管理各方面的知识，主要内容包括：计算机网络安全概述、网络安全系统模型、网络安全态势感知体系框架和技术、入侵检测技术方法、基于模型的网络安全风险评估、网络信息系统安全的技术对策等。本书始终把内容的可读性、实用性、先进性和科学性作为撰写原则，力求做到内容新颖、结构清晰、概念准确、理论联系实际。

此外，本书在写作的过程中参考了大量相关著作的理论与研究文献，在此向相关著作的专家学者们表示衷心的感谢。最后，由于笔者水平有限，书中难免存在疏漏和不足之处，在此恳请同行专家和读者朋友批评指正。

笔者

2022 年 6 月

目　录

第一章　计算机网络安全概述

计算机网络安全是指利用网络管理控制和技术措施，保证在一个网络环境里，数据的保密性、完整性及可使用性受到保护。计算机网络安全包括两个方面：物理安全和逻辑安全。物理安全指系统设备及相关设施受到物理保护，免于破坏、丢失等；逻辑安全主要包括信息的完整性、保密性和可用性。随着计算机网络的不断发展，全球信息化已成为人类发展的一大趋势。但由于计算机网络具有联结形式多样性、互联性等特征，加之安全机制的不完善和用户防护意识不强，易受黑客、恶意软件和其他不轨行为的攻击。因此，网络信息的安全和保密是一个至关重要的问题。

第一节　计算机网络安全的基本内容

在信息技术领域，信息安全和计算机系统安全是两个相互依赖而又很难分开的问题。保证信息安全的一个必要条件是实现计算机系统的安全，而保证计算机系统安全的一个必要条件是实现信息安全，这或许就是此问题难以解决的原因。如果说两者有什么共同之处的话，那就在于两者的实现都是通过“存取控制”或“访问控制”来作为最后一道安全防线（如果不考虑基于审计或其他信息的攻击检测方法的话）。在这道防线之前，自然就是“身份鉴别”或“身份认证”。为此，各种“授权”或“分配”技术就应运而生了。从根本上说，操作系统安全、数据库安全和计算机网络安全的基本理论是相通的。信息技术革命不仅给人们的工作和生活带来了便利，也使人们处于一个更易受到侵犯和攻击的境地。例如，个人隐私的保密问题就是人们在信息技术时代面临的最困难的问题之一。在“全球一村”的网络时代，传统的物理安全技术和措施不足以充分保证信息和系统的安全。

21 世纪全世界的计算机都将通过互联网连到一起，信息安全的内涵也随之发生了根本的变化。它不仅从一般性的防卫变成了一种非常普遍的防范，而且从一种专门的领域扩大到整个信息体系。一个国家的信息安全体系实际上包括国家的法律法规和政策，以及技术与市场的发展平台。我国在构建信息防卫系统时，应着力发展自己独特的安全产品。我国要想真正解决网络安全问题，最终的办法就是通过发展民族的安全产业，带动我国网络安全技术的整体发展。网络安全技术是一个十分复杂的系统工程。因此，建立有中国特色的网络安全体系，需要国家法律法规和政策的支持及集团联合研究开发。

一、计算机网络安全的含义

计算机网络是指将地理位置不同、具有独立功能的多台计算机及其外部设备通过通信线路连接起来，在网络操作系统、网络管理软件及网络通信协议的管理和协调下，实现资源共享和信息传输的计算机网络系统。

从一般意义来看，安全是指没有危险和不出事故。对于计算机网络而言，其安全是指网络系统的硬件、软件及系统中的数据受到保护，不遭到偶然的或者恶意的破坏、更改、泄露，确保系统连续、可靠、正常地运行，网络服务不中断。从广义上来说，凡是涉及网络信息的保密性、完整性、可用性、真实性和可控性的相关技术和理论都是网络安全所要研究的领域。

计算机网络的安全实际上包括两方面的内容：一是网络的系统安全，二是网络的信息安全。由于计算机网络最重要的资源是它向用户提供的服务及其所拥有的信息，因而计算机网络的安全可以定义为保障网络服务的可用和网络信息的完整。前者要求网络向所有用户有选择地随时提供各自应得到的网络服务，后者则要求网络保证信息资源的保密性、完整性、可用性和真实性等。可见，建立安全的网络系统要解决的根本问题是如何在保证网络的连通性、可用性的同时，对网络服务的种类、范围等进行适度控制，从而保障系统的可用和信息的完整。

由此可见，计算机网络安全涉及的内容既有技术方面的问题，也有管理方面的问题，二者相互补充，缺一不可。技术方面主要侧重于防范外部非法用户的攻击，管理方面则侧重于内部人为因素的管理。如何更有效地保护重要的信息数据，提高计算机网络系统的安全性，已经成为所有计算机网络应用必须考虑和解决的重要问题。

二、计算机网络安全的特点

计算机网络安全是一门涉及计算机科学、网络技术、通信技术、密码技术、信息安全技术、应用数学、数论、信息论等学科的综合性学科。计算机网络安全从其本质上来讲就是网络上的信息安全。

（一）保密性

保密性是指网络信息不被泄露的特性。保密性是保证网络信息安全的一个非常重要的手段。保密性可以保证即使信息泄露，非授权用户在有限的时间内也无法识别真正的信息内容。

（二）完整性

完整性是指网络信息未经授权不能进行改变的特性，即网络信息在存储和传输过程中保持原样。

（三）可用性

可用性是指网络信息可被授权用户访问的特性，即网络信息服务在需要时能够保证授权用户使用。这里包含两个含义：当授权用户访问网络时不会被拒绝；授权用户访问网络时要进行身份识别与确认，并且对用户的访问权限加以规定和限制。

（四）可控性

可控性是指可被授权实体访问并按需求使用的特性，即当需要时应能存取所需的信息。可控性要求对信息的传播及内容具有控制能力。

（五）可靠性

可靠性是网络系统安全最基本的要求，主要是指网络系统硬件和软件无故障运行的性能。提高可靠性的具体措施主要包括：提高设备质量，配备必要的余量和备份，采取纠错、自愈和容错等措施，强化灾害恢复机制，合理分配负荷等。

（六）不可抵赖性

不可抵赖性也称作不可否认性，主要用于网络信息的交换过程，保证信息交换的参与者都不可能否认或抵赖曾进行的操作，类似于在发文或收文过程中的签名和签收的过程。

三、计算机网络安全的层次体系

从层次体系上，可以将计算机网络安全分成四个层次：

（一）物理安全

物理安全是指用来保护计算机硬件和存储介质的装置和工作程序，包括以下几个方面的内容：

1.防盗

像其他物体一样，计算机也是偷窃者的偷窃目标，如盗走硬盘、主板等。偷窃计算机设备的行为所造成的损失可能远远超过计算机本身具有的价值，因此必须采取严格的防范措施，以确保计算机设备不会丢失。

2.防火

计算机机房发生火灾的原因一般是电气事故、人为事故或外部火灾蔓延等。电气设备和线路因为短路、过载、接触不良、绝缘层被破坏或静电等引起电打火而导致火灾。人为事故是指由于操作人员不遵守消防规范，使充满易燃物质（如纸片、磁带、胶片等）的机房起火，当然也不排除人为纵火。外部火灾蔓延是指因外部房间或其他建筑物起火蔓延到机房而引起的火灾。

3.防静电

静电是由物体间的相互摩擦而产生的，计算机显示器也会产生很强的静电。静电产生后，由于未能释放而保留在物体内，会有很高的电位（能量不大），从而产生静电放电火花，使大规模集成电路损坏，甚至造成火灾。

4.防雷击

随着科学技术的发展，电子信息设备被广泛应用，这对现代闪电保护技术提出了更高、更新的要求。利用引雷机理的传统避雷针防雷，不但会增加雷击概率，还会产生感应雷，而感应雷是电子信息设备的主要杀手，也是易燃易爆品被引燃起爆的主要原因。

防雷击的主要措施有：根据电气、微电子设备功能的不同及受保护程度的不同和所属保护层级，确定防护要点并做分类保护；根据雷电和操作瞬间过电压危害的可能渠道，从电源线到数据通信线路都应做多层保护。

5.防电磁泄漏

电子计算机和其他电子设备一样，工作时会产生电磁发射。电磁发射包括辐射发射和传导发射。这两种电磁发射可被高灵敏度的接收设备接收并进行分析、还原，造成计算机的信息泄露。例如，从20世纪80年代开始，美国市场上出现了一种符合TEMPEST标准的军用通信设备，并逐渐商品化、标准化生产。TEMPEST技术是综合性的技术，包括泄露信息的分析、预测、接收、识别、复原、防护、测试、安全评估等技术，涉及多个学科领域。

屏蔽是防电磁泄漏的有效措施，屏蔽主要有电屏蔽、磁屏蔽和电磁屏蔽三种类型。

（二）逻辑安全

计算机的逻辑安全需要用口令字、文件许可、查账等方法来实现。防止计算机黑客的入侵主要依赖计算机的逻辑安全，其具体措施包括：可以限制登录的次数或对试探操作加上时间限制；可以用软件来保护存储在计算机文件中的信息，该软件应对他人存取非自己所有的文件进行限制，直到该文件的所有者明确准许其他人可以存取该文件；限制存取的另一种方式是通过硬件完成，在接收到存取要求后，先询问并校核口令，然后访问列于目录中的授权用户标志号；此外，有一些安全软件也可以跟踪可疑的、未经授权的存取行为，如多次登录或请求存取别人的文件。

（三）操作系统安全

操作系统是计算机中最基本、最重要的软件。同一计算机可以安装几种不同的操作系统。如果计算机系统需要提供给许多人使用，操作系统就必须能区分用户，避免他们相互干扰。例如，多数的多用户操作系统不会允许一个用户删除属于另一个用户的文件，除非该用户明确允许。

一些安全性较高、功能较强的操作系统可以为计算机的每一位用户分配账户。通常一个用户分配一个账户，操作系统不允许一个用户修改由另一个账户产生的数据。

（四）联网安全

联网安全只能通过以下两方面的安全服务来达到：

①访问控制服务，用来保护计算机和联网资源不被非授权者使用。

②通信安全服务，用来认证数据的机要性与完整性，以及各通信信道的可信赖性。

四、计算机网络安全责任与目标

（一）网络安全责任

很多人员都能在网络的安全建设中发挥作用，比如从高级管理者到日常用户。高级管理者负责推行安全策略，其准则是“依其言而行事，勿观其行而仿之”，但是源自高级管理者的策略和规则往往会被忽视掉。如果想让用户参与到安全维护的工作中，就必须让其相信管理者是非常认真严肃的。用户不仅要意识到安全的存在，而且要知道不遵守规则可能导致的后果。最好的方式是提供短期安全培训讲座，使大家可以提问并进行讨论。另一种好的做法是在来往频繁的公共场所和使用场所，如网吧或者机房张贴安全警示。

需要说明的是，政府现在在安全方面也扮演着重要的角色，如针对无线和 IP 语音通信等一些新兴技术制定了法规，并建立了一套法律体系就是很好的体现。

（二）网络安全目标

网络安全的最终目标就是通过各种技术与管理手段实现网络信息系统的可靠性、保密性、完整性、有效性、可控性和不可抵赖性。在多数情况下，网络安全更侧重强调网络信息的保密性、完整性和有效性。

1.保密性

常用到的保密措施主要包括信息加密、物理保密、防辐射和防监听等。信息加密是防止信息非法泄漏的最基本手段。事实上，大多数网络安全防护系统都采用了基于密码的技术，密码一旦泄露，就意味着整个安全防护系统的全面崩溃。如果密码以明文形式传输，那么在网络上窃取密码就会是一件十分简单的事情。保护密码是防止信息泄露的关键，对密码加密可以防止密码被盗。机密文件和重要电子邮件在 Internet 上传输也需要加密，加密后的文件和邮件如果被劫持，虽然多数加密算法是公开的，但是由于没有正确密钥进行解密，被劫持的密文仍然是不可读的。此外，机密文件即使不在网络上传输，也应该进行加密。

2.完整性

完整性与保密性强调的侧重点不同，保密性强调信息不能非法泄露，而完整性强调信息在存储和传输过程中不能被偶然或蓄意修改、删除、伪造、添加、破坏、丢失，在存储和传输过程中必须保持原样。信息完整性表明了信息的可靠性、正确性、有效性和一致性，只有完整的信息才是可信任的信息。影响信息完整性的因素主要有硬件故障、软件故障、网络故障、灾害事件、入侵攻击和计算机病毒等。保障信息完整性的技术主要有安全通信协议、密码校验和数字签名等。实际上，数据备份是防范信息完整性遭到破坏时最有效的恢复手段。

3.有效性

有效性是指信息资源容许授权用户按需访问的特性，是信息系统面向用户服务的安全特性。信息系统只有持续有效，授权用户才能随时随地根据自己的需要访问信息系统提供的服务。有效性强调在向用户提供服务的同时，还必须进行用户身份认证与访问控制，确保只有合法用户才能访问限定权限的信息资源。

一般而言，如果网络信息系统能够满足保密性、完整性和有效性这三个安全目标，在通常意义下就可认为信息系统是安全的。

网络安全管理的一个主要目标是衡量安全成本。没有任何一个安全系统是绝对安全的，而任何系统的安全保护也不可能不计代价。因此，如果要衡量保护某个实体需要多少费用，无论是存在于网络或计算机中的数据，还是组织的其他资产，都需要进行风险评估。一般来说，组织的资产会面临多种风险，包括设备故障、失窃、误用、病毒入侵等。

第二节　影响计算机网络安全的因素

在不断的发展过程中，计算机网络的安全与否是一个重要而复杂的问题。电脑安全是指为数据处理系统建立安全保护，保护互联网硬件、软件、数据不因偶然和恶意的破坏而更改和泄漏。总体而言，对计算机网络的安全性产生影响的因素主要有以下几个：

一、应用系统和软件安全漏洞

Web 服务器和浏览器难以保障安全，最初人们引入 CGI 程序的目的是让主页活起来，然而很多人在编写 CGI 程序时对软件包并不十分了解，多数人不是新编程序，而是对程序加以适当的修改。这样一来，很多 CGI 程序就难免具有相同的安全漏洞，且每个操作系统或网络软件的出现都不可能完美无缺，因此始终处于危险的境地，一旦连接入网，将成为攻击的首选对象。

漏洞是在硬件、软件、协议的具体实现或系统安全策略上存在的缺陷，可以方便攻击者在未经授权情况下访问或破坏系统。近些年来，互联网发展异常迅速，相对而言，人们采取的安全措施还不充足，因此在计算机网络中存在缓冲区溢出问题、假冒用户问题、完全欺骗用户等问题，这些都是存在漏洞的表现。信息化社会为人们构建了自由、开放、共享的网络环境，使人们的生活、工作、学习得到切实的便利与优化，同时也使网络安全漏洞问题日益凸显。黑客攻击、病毒侵犯使本来有序的网络环境变得日渐复杂，而各类丰富信息资源也受到了严重的安全威胁。一旦遭到不良攻击，轻则信息数据被篡改，服务器不能正常运转，网络不能正常使用；重则整个数据库系统瘫痪、崩溃，人们的财物、金钱丢失、重要国家机密被窃取，从而严重危害了人们自身的利益、国家公众利益。根据网络漏洞产生的原因、存在的位置，并利用漏洞攻击原理来进行分类，漏洞分类如下：

（一）操作系统安全漏洞

计算机操作系统是一个统一的用户交互平台，为了给用户提供便利，系统需全方位地支持各种各样的功能应用，而其功能性越强，漏洞则势必越多，受到漏洞攻击的可能性也会越大。操作系统服务时间越久，其漏洞被暴露可能性同样会大大增加，受到网络攻击的概率将随之升高，即便是设计性能、兼容性再强的系统也必然会存在漏洞。操作系统安全漏洞主要有四种：一是输入输出非法访问，二是访问控制混乱，三是操作系统陷门，四是不完全中介。

（二）链路连接漏洞

计算机在服务运用中，需要通过链路连接实现网络互通功能，既然有了链路连接，就势必会存在对链路连接攻击、对互通协议攻击、对物理层表述攻击以及对会话数据链攻击等，这些攻击的对象多为链路连接漏洞。

（三）网络协议安全漏洞

网络通信的畅通运行离不开应用协议的高效支持，而 TCP/IP 固有缺陷决定其没有相应控制机制对源地址进行科学鉴别，也就是说，IP 地址从哪里产生无从确认，而黑客则可利用侦听方式劫持数据，推测序列号，篡改路由地址，使鉴别过程被黑客数据流充斥。此外，在计算机系统中各项服务的正常开展依赖响应端口的开放功能，而端口开放则给网络攻击带来了可乘之机。在针对端口的各项攻击中，传统防火墙建立方式已不能发挥有效的防攻击职能，对基于开放服务的流入数据攻击、隐蔽隧道攻击及软件缺陷攻击等更是束手无策。

（四）数据库安全漏洞

盲目信任用户输入是保障 Web 应用安全的第一敌人。用户输入主要来源是 HTML 表单中的提交参数，如果不能严格地验证这些参数的合法性，计算机病毒、人为操作失误对数据库产生破坏，以及未经授权而非法进入数据库就有可能危及服务器安全。

（五）网络软件安全漏洞

网络软件主要存在以下漏洞：①匿名 FTP 漏洞；②电子邮件漏洞，电子邮件存在安全漏洞，使得电脑黑客很容易将经过编码的电脑病毒植入用户系统中，以便对上网用户进行随心所欲的控制；③域名服务漏洞；④Web 编程人员编写的 CGI、ASP、PHP 等程序存在的漏洞。

二、后门和木马程序

在计算机系统中，后门是指软、硬件制作者为了进行非授权访问而在程序中故意设置的访问口令。后门的存在对处于网络中的计算机系统构成潜在的严重威胁。木马程序是一种后门程序，其中以特洛伊木马首当其冲，它是一种基于远程控制的黑客工具，被控制端相当于一台服务器，控制端则相当于一台客户机，被控制端为控制端提供服务，具有隐蔽性和非授权性的特点。虽然木马程序手段越来越隐蔽，但是只要加强个人安全防范意识，还是可以大大地降低“中招”概率的。

（一）特洛伊木马的特点

1.具有隐蔽性

特洛伊木马包含在正常程序中，当用户执行正常程序时，特洛伊木马会在用户难以察觉的情况下，完成一些危害用户的操作，具有隐蔽性。由于木马所从事的是“地下工作”，因此它必须隐藏起来，它会想尽一切办法不让用户发现。有些木马把服务器端和正常程序绑定成一个程序的软件，在用户使用绑定的程序时，木马也会入侵系统。甚至有个别木马程序能把它自身的exe文件和服务端的图片文件绑定，在用户看图片的时候，木马便侵入了系统。它的隐蔽性主要体现在以下两个方面：第一，不产生图标木马。虽然在系统启动时会自动运行，但它不会在“任务栏”中产生一个图标。第二，木马程序自动在任务管理器中隐藏，并以“系统服务”的方式欺骗操作系统。

2.具有自动运行性

为了控制服务端，木马必须在系统启动时即跟随启动，所以它必须潜入启动配置文件中，以及启动组等文件中。

3.具备自动恢复功能

现在很多木马程序中的功能模块不再由单一的文件组成，而是具有多重备份，可以相互恢复。当用户删除了其中一个，以为万事大吉又运行了其他程序的时候，它会悄然出现，像幽灵一样，防不胜防。

4.能自动打开特别的端口

木马程序潜入用户的电脑中不是为了破坏系统，而是为了获取系统中有用的信息，当用户与远端客户进行通信时，木马程序就会用服务器客户端的通信手段把信息告诉黑客，以便黑客控制机器，或实施进一步的入侵企图。木马经常利用用户不经常用的端口进行连接，打开“方便之门”。

5.具有特殊的功能

木马的功能通常比较特殊，除了普通的文件操作，有些木马还具有搜索口令、设置口令、扫描目标机器的 IP 地址、进行键盘记录、进行远程注册表的操作以及锁定鼠标等功能。

（二）特洛伊木马运行原理

如果只是将木马激活，而没有上网，木马是不会构成危害的。然而，一旦用户上网，黑客便可通过客户端程序经由 TCP/IP 网络与运行的木马建立连接，从而窃取信息，控制机器。

木马连接建立后，控制端上的客户端程序与服务端上的木马程序取得联系，并通过木马程序对服务端进行远程控制：第一，窃取密码。第二，文件操作。控制端可通过远程控制对服务端上的文件进行所有功能的操作。第三，修改注册表。控制端可任意修改服务端注册表。第四，系统操作。主要包括：重启或关闭服务端操作系统，断开服务端网络连接，控制服务端的鼠标、键盘、监视服务端桌面操作，查看服务端进程等。

（三）特洛伊木马传播方式和伪装方式

1.传播方式

木马的传播方式主要有两种：一种是通过 E-mail，控制端将木马程序以附件的形式夹在邮件中发送出去，收信人只要打开附件系统就会感染木马；另一种是软件下载，些非正规的网站以提供软件下载为名义，将木马捆绑在软件安装程序上，用户下载后，只要运行这些程序，木马就会自动安装。

2.伪装方式

鉴于木马的危害性，很多人对木马知识还是有一定了解的，这对木马的传播起到了一定的抑制作用，这也是木马设计者所不愿见到的，因此他们开发了多种功能来伪装木马，以达到降低用户警觉、欺骗用户的目的。

（1）修改图标

现在已经有木马可以将木马服务端程序的图标改成 HTML、TXT、ZIP 等各种文件的图标，这具有相当大的迷惑性，但是目前提供这种功能的木马还不多见，并且这种伪装也不是无懈可击的。

（2）捆绑文件

这种伪装手段是将木马捆绑到一个安装程序上，当安装程序运行时，木马在用户毫无察觉的情况下，偷偷地进入系统。被捆绑的文件一般是可执行文件。

（3）出错显示

有一定木马知识的人都知道，如果打开一个文件，没有任何反应，这很可能就是个木马程序，木马的设计者也意识到了这个缺陷，因此已经有木马可以提供出错显示的功能。当服务端用户打开木马程序时，会弹出一个错误提示框（这当然是假的），错误内容可自由定义，大多会定制成诸如“文件已破坏，无法打开”之类的信息，当服务端用户信以为真时，木马会悄悄侵入系统。

（4）自我销毁

这项功能是为了弥补木马的一个缺陷。当服务端用户打开含有木马的文件后，木马会将自己拷贝到 WINDOWS 的系统文件夹中（C：\WINDOWS 或 C：\WINDOWS\SYSTEM 目录下）。一般来说，原木马文件和系统文件夹中的木马文件的大小是一样的（捆绑文件的木马除外），那么中了木马的用户只要在近期收到的邮件或下载的软件中找到原木马文件，然后根据原木马文件的大小去系统文件夹找到相同大小的文件，判断一下哪个是木马就行了。而木马的自我销毁功能是指木马安装后，原木马文件将自动销毁，这样服务端用户就很难找到木马的来源，在没有查杀木马工具的帮助下，就很难删除木马了。

（四）特洛伊木马的防范

鉴于木马危害的严重性，一旦感染，损失在所难免，而且新的变种层出不穷。因此，在检测清除它的同时，更要注意采取措施来预防它。在平时，注意以下几点能大大减少木马的侵入：

第一，不要下载、接收、执行任何来历不明的软件或文件。在下载的时候需要特别注意，一般推荐去一些信誉比较高的站点下载，尽量使用正版软件。同时，在软件安装之前一定要用反病毒软件检查一下，建议用专门查杀木马的软件进行检查，在确定“无毒”和“无马”后再使用。

第二，不要随意打开来历不明的邮件。即使是来自朋友的邮件也不要轻信，打开附件前必须经过杀毒和木马查杀。

第三，不要浏览不健康、不正规的网站。这些网站都是“网页挂马”的高发地带，访问这些网站如同“闯雷区”，非常危险。

第四，尽量少用共享文件夹。如果因工作等原因必须将电脑设置成共享，则最好单独打开一个共享文件夹，把所有需要共享的文件都放在这个共享文件夹中，注意千万不要将系统目录设置成共享。

第五，安装反病毒软件和防火墙。最好再安装一套专门的木马防治软件，并及时升级代码库。虽然普通的防病毒软件也能防治木马，但查杀效率和效果不及专业的木马防治软件。

第六，及时打上操作系统的补丁，并经常升级常用的应用软件。不仅操作系统存在漏洞，应用软件也存在漏洞，很多木马就是通过这些漏洞来进行攻击的，微软公司发现这些漏洞之后都会在第一时间内发布补丁，很多时候打过补丁之后的系统本身就是一种最好的木马防范办法。

当反病毒软件发出木马警告或怀疑系统有木马时，应尽快采取措施，减少损失。第一步，要马上拔掉网线，断开控制端对目标计算机的连接控制；第二步，换一台计算机上网，马上更改所有的账号和密码，特别是与工作密切相关的应用软件、网上银行、电子邮箱等，凡是需要输入密码的地方，都要尽快变更密码；第三步，备份被感染计算机上的重要数据后，格式化硬盘，重装系统；第四步，对备份的数据进行杀毒和木马清除处理。

三、病毒

目前，数据安全的头号大敌是计算机病毒，它是编制者在计算机程序中插入的破坏计算机功能或数据，会影响硬件的正常运行，并且能够自我复制的一组计算机指令或程序代码。它具有病毒的一些共性，如传播性、隐蔽性、破坏性和潜伏性等，同时具有自己的一些特征，如不利用文件寄生（有的只存在于内存中），和黑客技术相结合等。

（一）计算机病毒的定义及特性

随着社会的不断进步，科学的不断发展，计算机病毒的种类也越来越多，但终究万变不离其宗。

1.计算机病毒的定义

一般来讲，凡是能够引起计算机故障，进而破坏计算机中的资源（包括硬件和软件）的代码，统称为计算机病毒。我国也通过条例的形式给计算机病毒下了一个具有法律性、权威性的定义："计算机病毒，是指编制或者在计算机程序中插入的破坏计算机功能或者毁坏数据，影响计算机使用，并能自我复制的一组计算机指令或者程序代码。"

2.计算机病毒的特性

（1）隐藏性与潜伏性

计算机病毒是一种具有很高编程技巧、短小精悍的可执行程序。它通常内附在正常的程序中，用户启动程序的同时也打开了病毒程序。计算机病毒程序经运行取得系统控制权，可以在不到一秒钟的时间里感染几百个程序。而且，在感染操作完成后，计算机系统仍能运行，被感染的程序仍能执行，这就是计机病毒的隐蔽性。计算机病毒的潜伏性则是指，某些编制巧妙的计算机病毒程序，进入系统之后可以在几周或者几个月甚至几年内隐藏在合法文件中，对其他系统文件进行感染，而不被人发现。

（2）传染性

计算机病毒可通过各种渠道（磁盘、共享目录、邮件）从已被感染的计算机扩散到其他机器上，感染其他用户，甚至在某些情况下还会导致计算机工作失常。

（3）表现性和破坏性

任何计算机病毒都会对机器产生一定程度的影响，轻者占用系统资源，致使系统运行速度大幅降低，重者删除文件和数据，导致系统崩溃。

（4）可触发性

病毒具有预定的触发条件，可能是时间、日期、文件类型或某些特定数据等。一旦满足触发条件，病毒就会进行感染或攻击；如不满足，病毒将继续潜伏。有些病毒针对特定的操作系统或特定的计算机。

（5）欺骗性和持久性

计算机病毒行动诡秘，计算机对其反应迟钝，往往把病毒造成的错误当成事实所接受。即使病毒程序被发现，已被破坏的数据、程序以及操作系统都难以恢复。在网络操作情况下，由于病毒程序由一个受感染的拷贝文件通过网络系统反复传播，所以病毒程序的清除愈加复杂。

除了上述五点，计算机病毒还具有不可预见性、衍生性、针对性等特点。正是计算机病毒的这些特点，给计算机病毒的预防、检测与清除等工作带来了很大难度。

（二）计算机病毒的分类

1.传统开机型计算机病毒

纯粹的开机型计算机病毒多利用软盘开机时侵入计算机系统，然后伺机感染其他的软盘或者硬盘。

2. 隐形开机型计算机病毒

此类计算机病毒感染的系统，再行检查开机区，得到的将是正常的磁区资料，就好像没有中毒一样。此类计算机病毒不容易被杀毒软件查杀，而防毒软件要想对未知的此类型计算机病毒进行识别，必须具有辨认磁区资料真伪的能力。

3. 档案感染型兼开机型计算机病毒

档案感染型兼开机型计算机病毒会利用档案感染伺机感染开机区，因而具有双重的行动能力。

4. 目录型计算机病毒

本类型计算机病毒的感染方式非常独特，仅修改目录区，便可达到感染目的。

5. 传统档案型计算机病毒

传统档案型计算机病毒最大的特征，便是将计算机病毒本身植入档案，致使档案膨胀，以达到散播传染的目的。

6. 千面人计算机病毒

千面人计算机病毒是指具有自我编码能力的计算机病毒，这种计算机病毒编码的目的是使其感染的每一个档案看起来皆不一样，干扰杀毒软件的侦测。

7. 突变引擎病毒

有鉴于千面人计算机病毒一个接一个被截获，便有人编写出一种突变式计算机病毒，使原本千面人计算机病毒无法解决的程序开头相同的问题得到克服，并编写成 OBJ 副程序，供他人制造此类计算机病毒。尽管如此，这类计算机病毒仅干扰扫毒式软件，对其他方式的防毒软件并没有太大的影响。

8. 隐形档案型计算机病毒

此类病毒可以避开许多防毒软件的检测，由于隐形计算机病毒能直接植入操作系统的作业环境中，当外部程序呼叫操作系统的中断服务时，就会执行到计算机病毒本身，使得计算机病毒能从容地将受其感染的文件，粉饰成正常无毒的样子。

9. 终结型计算机病毒

终结型计算机病毒能追踪磁盘操作中断的原始进入点，当计算机病毒取得磁盘原始中断后，病毒便可任意在磁盘上修改资料或破坏资料，而不会惊动防毒程序。也就是说，装有防毒程序和没装防毒程序的情况是一样的危险。这类计算机病毒有的采用 INT1 单步执行的方式，逐步追踪磁盘中断的过程，找出 BIOS 磁盘中断的部分，供计算机病毒内部使用；有的采用死机的方式，记录几个 BIOS 版本的磁盘中断原始进入点，当计算机病毒遇到熟悉的 BIOS 版本，便可直接调入中断，对磁盘予取予求；有的则分析磁盘中断的程序片段，找出 BIOS 中的相似部分，然后直接调入磁盘中断。

10. Word 巨集计算机病毒

Word 巨集计算机病毒可以说是目前最新的计算机病毒种类了，它是文件型计算机病毒，异于以往以感染磁盘区或可执行的档案为主的计算机病毒，此类病毒是利用 Word 提供的巨集功能来感染文件的。目前，已经在 Internet 及 BBS 网络中发现不少 Word 巨集计算机病毒，而且此类计算机病毒是用类似 Basic 程序编写出来的，易学，其反应速度也很快。

（三）计算机病毒的防范和清除

1.计算机病毒防范的概念及特征

计算机病毒防范是指通过建立合理的计算机病毒防范体系和制度，及时发现计算机病毒入侵，并采取有效的手段阻止计算机病毒的传播和破坏，恢复受影响的计算机系统和数据。计算机病毒防范的特征主要表现为检测行为的动态性和防范方法的广谱性。

2.计算机病毒防范基本技术

计算机病毒预防是在计算机病毒尚未入侵或刚刚入侵时，就拦截、阻击计算机病毒的入侵或立即警报。

3.清除计算机病毒的基本方法

（1）简单的工具治疗

简单工具治疗是指使用 Debug 等简单的工具，借助检测者对某种计算机病毒的具体知识，从感染计算机病毒的软件中摘除计算机代码。然而，这种方法同样对检测者自身的专业素质要求较高，而且治疗效率也较低。

（2）专用工具治疗

使用专用工具治疗被感染的程序是通常使用的治疗方法。专用计算机治疗工具，根据对计算机病毒特征的记录，自动清除感染程序中的计算机病毒代码，使之得以恢复。使用专用工具治疗计算机病毒时，治疗操作简单、高效。从探索与计算机病毒对抗的全过程来看，专用治疗工具的开发商也是先从使用简单工具进行治疗开始，当治疗获得成功后，再研制相应的软件产品，促使计算机自动地完成全部治疗操作。

4.典型计算机病毒的原理、防范和清除

（1）引导区计算机病毒

系统引导区计算机病毒是在系统引导的时候，进入系统中，获得对系统的控制权，在完成其自身的安装后才去引导系统的。之所以称其为引导区计算机病毒，是因为这类计算机病毒一般会侵占系统硬盘的主引导扇区 I/O 分区的引导扇区。对于软盘，这类计算机病毒则会侵占软盘的引导扇区。它会感染在该系统中进行读写操作的所有软盘，再由这些软盘以复制的方式进入其他计算机系统，感染其他计算机。检测引导区计算机病毒分四个步骤：第一，将系统内存的总量与正常情况进行比较；第二，检查占用系统内存较高的内容；第三，检查系统的 INT13H 中断向量；第四，检查硬盘的主引导扇区、DOS 分区引导扇区以及软盘的引导扇区。清除即用原来正常的分区表信息或引导扇区信息，覆盖掉计算机病毒程序。此时，如果用户事先提取并保存了自己硬盘中分区表的信息和 DOS 分区引导扇区信息，那么恢复工作就会变得非常简单。可以直接用 Debug 将这两种引导扇区的内容分别调入内存，然后分别写回它的原来位置，这样就消除了计算机病毒。

（2）文件型计算机病毒

文件型计算机病毒程序都是依附在系统的可执行文件或覆盖文件上，当文件装入系统执行时，文件型计算机病毒程序进入系统中。只有极少文件型计算机病毒会感染数据文件。

清除此类病毒分四步：第一，确定计算机病毒程序的位置，是驻留在文件尾部还是文件首部；第二，找到计算机病毒程序的首部位置（对应于在文件尾部驻留的方式）或者尾部位置（对应于在文件首部驻留的方式）；第三，恢复原文件头部的参数；第四，修改文件长度，将源文件写回。

（3）脚本型计算机病毒

主要采用脚本语言设计的病毒称其为脚本病毒。实际上，在早期的系统中，计算机病毒就已经开始利用脚本进行传播和破坏，不过专门的脚本病毒并不常见。然而在脚本应用无所不在的今天，脚本病毒却成为危害最大、传播最为广泛的病毒。特别是当它和一些传统的恶性病毒相结合时，危害就更为严重了。脚本型计算机病毒主要有纯脚本型和混合型两种类型。它的特点如下：第一，编写简单；第二，破坏力大；第三，感染力强；第四，传播范围广（多通过 E-mail、局域网共享、感染网页文件的方式传播）；第五，计算机病毒源码容易被获取，变种多；第六，欺骗性强。清除脚本型病毒的措施如下：①卸载 WindowsScriptingHost；②禁用文件系统对象 FileSystemObject；③在 Windows 目录中找到 wscript.exe，更改名称或删除；④设置浏览器，把“ActiveX 控件及插件”的一切设为禁用；⑤禁止 OutlookExpress 的自动收发邮件功能。

四、黑客

黑客通常是程序设计人员，他们掌握着有关操作系统和编程语言的高级知识，并利用系统中的安全漏洞非法进入他人的计算机系统，其危害性非常大。从某种意义上讲，黑客对信息安全的危害甚至比一般的电脑病毒更为严重。

（一）黑客入侵行为

一是“偷窃”行为。该行为主要是指黑客通过口令破解、网络监听、电磁辐射截获信息、放置木马等手段，获取用户口令，进而获得目标系统的控制权，从中窃取涉密资料。

二是“欺骗”行为。该行为主要是指黑客利用“网络钓鱼”、虚假电子邮件，设置各种诱饵套取用户资料和重要信息。

三是“攻击”行为。该行为是指黑客通过发起漏洞攻击、电子邮件攻击、拒绝服务攻击等，导致目标系统崩溃或运行缓慢。其中，拒绝服务攻击是黑客向大型网络和竞争对手发起攻击的重要手段，是指在一定时间内向网络发送大量的服务请求，消耗系统资源或网络宽带，占用和超过被攻击主机的处理能力，导致网络或系统不胜负荷而瘫痪，停止对合法用户提供正常的网络服务。

四是“流氓”行为。该行为主要通过“流氓（恶意）软件”来完成。恶意软件是指在未明确提示用户或未经用户许可的情况下，在用户计算机或其他终端上安装运行侵害用户合法权益的软件。

（二）黑客入侵的基本过程

在黑客的入侵手段中，“偷窃”行为是最基本、最典型、最具代表性的方法。

它入侵的第一步是“寻找作案对象”，利用现有网络工具和协议，查找活动主机、防火墙以及其他设备，根据攻击的难易程度，选择和确定攻击目标。

第二步是“踩点”，就是通过公开途径尽可能多地搜集待攻击目标的具体信息，如目标系统的域名、IP 地址、操作系统类型、是否存在安全漏洞等信息，由此确定攻击策略。

第三步是“破门”，就是通过各种方式获取用户口令，取得目标系统的控制权。主要手段有通过猜测法、字典法或穷举法破解口令，或通过网络监听获取口令。

第四步是“行窃”，黑客进入目标系统后，就会从事提升管理权限、窃取文件、散布病毒、植入木马等活动，设置后门，以备下次更方便入侵。

第五步是“掩盖痕迹”，退出系统前，黑客会巧妙地消除记录入侵情况的日志文件等入侵痕迹，致使用户难以觉察已被入侵或难以根据记录找到入侵者。

此外，“信息摆渡”也是黑客窃取信息的常用方法。首先在你的电脑中事先植入木马，当你把 U 盘或移动硬盘连接到电脑后，木马程序会把你的移动存储介质上的信息复制到本机硬盘事先设置好的文件夹上，然后选择合适的时机，把信息窃走。

第三节 计算机网络安全体系结构

进入 21 世纪以来，互联网信息技术已经遍布于人们的生活与工作中，给人们的生活和工作带来一定的便利。然而，矛盾经常是对立存在的，计算网络信息的安全问题也会经常发生，给使用人员尤其是一些大型企业公司带来不好的影响。因此，构建计算机网络的信息安全体系就显得非常必要。

ISO（国际标准化组织）深入研究了开放计算机网络互联环境的安全性，并在 1989 年提出了网络安全体系结构，为保障计算机网络的安全提出了一个比较完整的框架，该框架包括安全服务、安全机制和安全管理等有关方面。网络安全防范是一项复杂的系统工程，是安全策略、多种技术、管理方法和人们安全素质的综合。现代的网络安全问题变化莫测，要保障网络系统的安全，应当把相应的安全策略、各种安全技术和安全管理融合在一起，建立网络安全防御体系，使之成为一个完整的安全屏障。网络安全体系就是关于网络安全防范的最高层的抽象系统，它由各种网络安全防范单元组成，各组成单元按照一定的规则，能够有机集成，共同实现网络安全目标。

一、计算机网络体系结构的基本概念

（一）通信协议

在网络系统中，为了使数据通信的双方准确无误地进行通信，需要根据在通信过程中产生的各种问题，制定一系列的通信双方必须遵守的规则，即通信协议。从通信协议的表现形式来看，它规定了交互双方用于通信的一系列语言法则和意义，这些相关的协议能够规范各个功能部件在通信过程中的正确操作。

（二）实体

每层的具体功能是由该层的实体完成的。所谓实体是指能在某一层中具有数据收发能力的活动单元（元素），一般就是该层的软件进程或者实现该层协议的硬件单元，在不同系统上同一层的实体互称为对等实体。

（三）接口

上下层之间交换信息通过接口来实现。一般应使上下层之间传输的信息量尽可能地少，这样可以使两层之间保持其功能的相对独立性。

（四）服务

服务就是网络中各层向其相邻上层提供的一组功能集合，是相邻两层之间的界面。在网络的各个分层机构中的单方面依靠关系，使得在网络中相互邻近层之间的相关界面也是单向性的：其中下层作为服务的提供者，上层作为服务的接受者，上层实体必须通过下次的相关服务访问点（Service Access Point, SAP），才能够获得下层的服务。作为上层与下层进行访问的服务场所，每一个 SAP 都有自己的一个标识，并且每个层间接口可以有多个 SAP。

（五）服务原语

网络中的各种服务是通过相应的语言进行描述的，这些服务原语可以帮助用户访问相应的服务，同时也可以向用户报告发生的相应事件。

服务原语可以带有不同的参数，这些参数可以指明需要与哪台服务器相连、服务器的类别和准备在这次连接上所使用的数据长度。假如被呼叫的用户不同意呼叫用户建立的数据连接，它就会在一个“连接响应”原语中提出一个新的建议，呼叫的一方能够从“连接确认”的原语中得知情况，这样整个过程细节就是协议内容的一部分。

（六）数据单元

在网络中信息传送的单位称为数据单元，数据单元可分为协议数据单元、服务数据单元和接口数据单元。

1.协议数据单元

不同系统某层对等实体为实现该层协议所交换的信息单位，称为该层协议数据单元。其中，协议控制信息是为实现协议而在传送的数据的首部或尾部加的控制信息，如地址、差错控制信息、序号信息等；用户数据为实体提供服务而为上层传送的信息。考虑到协议的要求，如时延、效率等因素，对协议数据单元的大小一般都有所限制。

2.服务数据单元

上层服务用户要求服务提供者传递的逻辑数据单元称为服务数据单元。考虑到协议数据单元对长度的限制，协议数据单元中的用户数据部分可能对服务数据单元进行分段或合并处理。

3.接口数据单元

接口数据单元指相邻层次之间通过接口传递的数据，它分为接口控制信息和服务数据单元两部分，其中接口控制信息只在接口局部有效，不会随数据一起传递下去；服务数据单元真正提供服务的有效数据，它的内容基本与协议数据单元一致。

（七）网络体系结构

网络体系结构以完成不同计算机之间的通信合作为目标，把需要连接的每个计算机相互连接的功用分成明确的层次，在结构里面它规定了同层次近程通信的协议及相邻层次之间的接口及服务。实际上，网络体系结构就是用分层研究方法定义的计算机网络各层的功能、各层协议以及接口的集合。

二、计算机网络安全体系的机制

计算机网络安全体系的机制可以分为两类，一是安全服务机制，二是管理机制。

（一）与安全服务有关的安全机制

1.加密机制

加密机制可对存放的数据或数据流中的信息加密，既可以单独使用也可以同其他机制结合起来使用。加密算法可分为对称密钥（单密钥）加密算法和不对称密钥（公开密钥）加密算法。

2.数字签名机制

数字签名由两个过程组成，即对信息进行签字的过程和证实已签字信息的过程。前者使用私有密钥，后者使用公开密钥。数字签名机制必须保证签字只能由签字者的私有密钥产生。

3.访问控制机制

访问控制机制根据实体的身份及有关信息，来决定该实体的访问权限。访问控制实体采用以下一个或几个措施：访问控制信息库、证实信息（如口令）、安全标签等。

4.数据完整性机制

在通信中，发送方根据要发送的信息产生一条额外信息（如校验码），将其加密以后，随数据一同发送出去。接收方接收到本信息后，产生额外信息，并与接收到的额外信息进行比较，以判断在此过程中信息本体是否被窜改过。

5.认证交换机制

用来实现同级之间的认证，其可以使用认证的信息，如由发方提供口令，收方进行验证；也可以利用实体所具有的特征，如指纹、视网膜等来实现。

6.路由控制机制

为了使用安全的子网、中继站和链路，既可预先安排网络的路由，也可对其进行选择。

7.防止业务流分析机制

通过填充冗余的业务流来防止攻击者进行业务流分析，填充过的信息要加密保护才能有效。

（二）与安全管理有关的机制

1.安全标签机制

可以让信息中的资源带上安全标签，以表明其在安全方面的敏感程度或保护级别，可以是显露式或隐藏式，但都应以安全的方式与相关的对象结合在一起。

2.安全审核机制

审核是探明与安全有关的事件。要进行审核，必须具备与安全有关的信息记录设备，以及对这些信息进行分析和报告的能力。

3.安全恢复机制

安全恢复是在破坏发生后采取各种恢复动作，搭建具有一定模式的正常安全环境，恢复活动有三种，立即的、临时的和长期的。

三、计算机网络安全体系结构的组成

（一）物理层安全

该层次的安全包括通信线路的安全、物理设备的安全、机房的安全等。物理层的安全主要体现在通信线路的可靠性、软硬件设备的安全性、设备的备份、防灾害能力及防干扰能力、设备的运行环境（温度、湿度、烟尘）、不间断电源保障等。

（二）系统层安全

该层次的安全问题来自网络内使用的操作系统的安全，如 Windows NT、Windows 2003 等。主要表现在三个方面：一是操作系统本身的缺陷带来的不安全因素，主要包括身份认证、访问控制、系统漏洞等；二是操作系统的安全配置问题；三是恶意代码对操作系统的威胁。美国国防部公布了可信计算机系统评估准则，并根据所采用的安全策略、系统所具备的安全功能将系统分为四类七级，安全性由低到高的顺序是 D、C1、C2、B1、B2、B3、A1。这些标准发表在一系列的文献中，因为每部文献的封面颜色不同，人们通常称之为“彩虹系列”，其中最重要的是橘皮书，它定义了上述一系列标准。

（三）网络层安全

该层次的安全问题主要体现在网络方面的安全性，包括网络层身份认证、网络资源的访问控制、数据传输的保密与完整性、远程接入的安全、域名系统的安全、路由系统的安全等。

（四）应用层安全

该层次的安全问题主要由为提供服务所采用的应用软件和数据的安全性所产生，包括 Web 服务、电子邮件系统、DNS（域名系统）、FTP 安全等，此外还包括使用系统中资源和数据的用户是否是真正被授权的用户。

（五）安全管理

安全管理包括安全技术和设备的管理、安全管理制度、部门与人员的组织规则等。

管理的制度化极大限度地影响着整个网络的安全，严格的安全管理制度、明确的部门安全职责划分、合理的人员角色配置都可以在很大程度上减少其他层次的安全漏洞。

四、网络安全体系模型的发展

（一）OSI 安全体系结构

ISO 制定了开放系统互连参考模型（OSI 参考模型）。这个模型把网络通信的工作分为 7 层，分别是物理层、数据链路层、网络层、传输层、会话层、表示层和应用层。1 至 4 层被认为是低层，这些层与数据移动密切相关；5 至 7 层是高层，包含应用程序级的数据。每一层负责一项具体的工作，然后把数据传送到下一层。

ISO 于 1989 年在原有网络基础通信协议七层模型基础之上扩充了 OSI 参考模型，确立了信息安全体系结构，并于 1995 年再次在技术上进行了修正。OSI 安全体系结构包括五类安全服务以及八类安全机制。五类安全服务包括认证（鉴别）服务、访问控制服务、数据保密性服务、数据完整性服务和抗否认性服务。八类安全机制包括加密机制、数据签名机制、访问控制机制、数据完整性机制、认证机制、业务流填充机制、路由控制机制、公正机制。

（二）P2DR 动态信息安全模型

图 1-1 为 ISS 公司的自适应网络安全模型 P2DR，该模型包括四个主要部分：安全策略、防护、检测和响应。

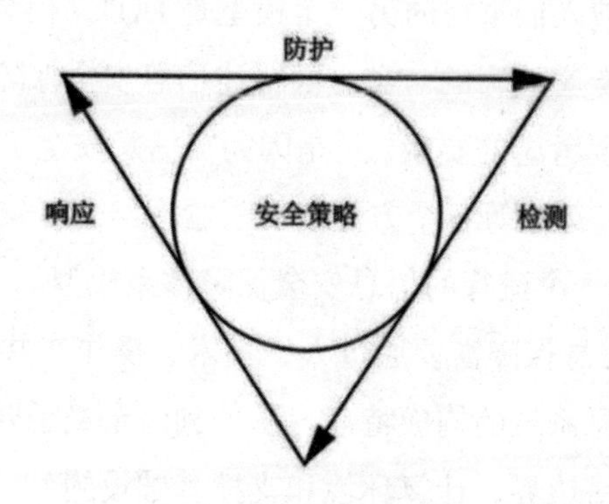

图 1-1　P2DR 动态信息安全模型

1.安全策略

安全策略是P2DR模型的核心，所有的防护、检测和响应都是依据安全策略实施的。网络安全策略一般包括总体安全策略和具体安全策略两个部分。

2.防护

防护的主要措施有：通过修复系统漏洞、正确设计开发和安装系统来预防安全事件的发生；通过定期检查来发现可能存在的系统脆弱性；通过教育等手段，使用户和操作员正确使用系统，防止意外威胁；通过访问控制、监视等手段来防止恶意威胁。采用的防护技术通常包括数据加密、身份认证、访问控制、安全扫描和数据备份等。

3.检测

检测是动态响应和加强防护的依据。不断地检测和监控网络系统有利于发现新的威胁和弱点，从而作出有效的响应。当攻击者穿透防护系统时，检测功能会发挥作用，与防护系统形成互补。

4.响应

系统一旦检测到被入侵，响应系统就开始工作，进行事件处理。响应包括应急响应和恢复处理，恢复处理又包括系统恢复和信息恢复。

P2DR模型也存在一个明显的弱点，就是忽略了内在的变化因素，如人员的流动、人员的素质和策略贯彻的不稳定性。实际上，安全问题牵涉面广，除了涉及防护、检测和响应，系统本身“免疫力”的增强、系统和整个网络的优化，以及人员这个在系统中最重要角色的素质的提升，都是该安全系统应考虑到的问题。

（三）信息保障技术框架

与P2DR模型一样被人们重视的另一个模型是IATF（信息保障技术框架）。IATF是由美国国家安全局组织专家编写的一个全面描述信息安全保障体系的框架，它提出了信息时代保障信息安全需要考虑的要素。正是因为在信息安全工作中人们意识到必须将技术、管理、策略、工程和运维等各个方面的要素紧密结合，安全保障体系才能真正发挥作用，IATF也才能成为一个流行的信息安全保障体系模型。

IATF首次提出了信息保障需要通过人、技术、操作来共同实现组织职能和业务运作的思想，同时针对信息系统的构成特点，从外到内定义了四个主要的技术关注层次，包括网络基础设施、网络边界、计算环境和支撑基础设施。

（四）WPDRRC 信息安全模型

WPDRRC 信息安全模型是我国“863”计划信息安全专家组提出的适合中国国情的信息系统安全保障体系建设模型，它在 PDR 模型的前后增加了预警和反击功能，吸取了 IATF 需要通过人、技术和操作来共同实现组织职能和业务运作的思想。

WPDRRC 模型有六个环节和三个要素。六个环节包括预警（W）、保护（P）、检测（D）、响应（R）、恢复（R）和反击（C），它们具有较强的时序性和动态性，能够较好地反映出信息系统安全保障体系的预警能力、保护能力、检测能力、响应能力、恢复能力和反击能力；三个要素包括人员、策略和技术，其中人员是核心，策略是桥梁，技术是保证，落实在 WPDRRC 的六个环节的各个方面，将安全策略变为安全现实。

各类安全保护模型各有优缺点，OSI 安全体系结构和 PDR 安全保护模型是早期提出的安全保护模型，其过于关注安全保护的技术要素，忽略了重要的管理要素，存在一定的局限性。IATF 信息保障技术框架和 WPDRRC 信息安全模型融入了人员、技术和管理的要求，并且分别从信息系统的构成角度和安全防护的层次角度提出了安全防护体系的构成思想，因此成为最为流行的安全保护模型而被广泛应用。

第四节　计算机网络安全设计

目前，大多数企业都建设了以办公系统为中心，集成公文流转、即时消息、门户网站、业务应用的办公系统，这些系统均以网络平台为支撑，采用 B/S 模式运行，并且各系统对安全性的要求不同。安全性不同的多种应用，运行在同一个网络中，给黑客、病毒攻击提供了方便之门，给企业的网络安全造成了极大的威胁。在一定的资金支持下，网络管理都要在网络安全程度和建设成本之间作出取舍，充分使用现有的成熟技术，并且尽可能地发挥管理的功效，增强企业网络安全性，从而为业务系统的安全、稳定运行保驾护航。

一、计算机网络安全设计的内容

（一）网络安全隔离

网络隔离有两种方式，即物理隔离和逻辑隔离。将网络进行隔离后，为了能满足网络内授权用户对相关子网资源的访问，保证各业务不受影响，在各子网之间应采取不同的访问策略。物理隔离是最安全的网络隔离方式，但是它的建设成本非常大，要求在网络设备、计算机终端、网络线路上都进行重复性投资，花费很大，除涉密的计算机信息系统必须实行物理隔离外，其他系统以逻辑隔离方式为主。考虑企业的应用情况，针对不同业务的不同需求，从而划分不同的 VLAN（虚拟子网），进行逻辑隔离。例如，为财务、人力、工程各部门的客户端划分单独的 VLAN，通过将不同用户或资源划分到不同的 VLAN 中，利用路由器或者防火墙对 VLAN 间的访问进行控制。

（二）网络安全准入与访问控制

企业在信息资源共享的同时也要阻止非授权用户对企业敏感信息的访问，访问控制的目的是保护企业在信息系统中存储和处理信息的安全，它是计算机网络信息安全最重要的核心策略之一，同时也是通过准入策略准许或限制用户、组、角色对信息资源的访问能力和范围的一种方法。

1.网络边界安全设计

企业一般有大量业务数据流运行于计算机网络，在企业内外网络的边界处，部署网络防火墙，实现私有地址和公有地址的相互映射和转换，屏蔽内部网络结构，并遵循最小需求原则配置访问策略，以防范来自外部的威胁与攻击。

2.内部网络用户准入

采用 DHCP 服务器做地址绑定，用户 IP 地址与 MAC 地址做一对一保留，防止网络接入的随意性，并在交换机设置 DHCP Snooping、动态 ARP（地址解析协议）检测，防止用户任意修改 IP，保证地址获取的合法性。对于重要的业务系统服务器，还可以在交换机上采取“MAC 地址＋IP 地址＋交换机端口”进行绑定，从而有效地阻止 ARP 病毒等的攻击。

3.分支机构及移动办公用户的准入

外部用户访问企业内网，应在基于VPN的拨号接入之上，建立AAA认证服务器，一方面方便用户经常更换口令，另一方面可以实施更加严格的安全策略，并且对这些策略的实施予以监视。

为了方便用户对资源的访问和管理网络，有必要建立一个统一的安全认证及授权系统，因为统一的账号管理有助于确保安全策略的实施及管理。

（三）主机与系统平台安全

网络是病毒传播最好、最快的途径之一。在网络环境下，计算机病毒有不可估量的威胁性和破坏力，它能使网络瘫痪、机密信息泄漏、重要业务系统不能提供正常服务等，严重影响网络安全，进而造成不良的社会影响。计算机病毒的防范是网络安全性建设中重要的一环，在企业网中应建立一套网络版的防病毒系统，该系统要能构造全网统一的防病毒体系，支持对网络、服务器、工作站的实时病毒监控；能够在中心控制台向多个目标发布及安装新版杀毒软件，并监视多个目标的病毒防治情况；支持多种平台的病毒防范；能够识别广泛的已知和未知病毒，支持广泛的病毒处理选项；支持病毒主机隔离；提供对病毒特征信息和检测引擎的定期在线更新服务；支持日志记录功能；支持多种方式的告警功能（声音、图像、电子邮件等）等。

为了弥补防病毒软件被动防范的不足，可以采用以下两种策略提高网络主动防范病毒的能力：

第一，在网络边界防火墙上配置严格的安全策略，强制关闭常见病毒攻击的服务端口，防止病毒入侵。在核心层和汇聚层交换机上，依据业务数据流流向建立一系列的访问控制列表，服务器只向必须访问它的客户端开放，其他客户端一概被拒绝访问。

第二，由于企业中大多数计算机安装Windows系列的操作系统，因此在网络中建设一套Windows补丁分发系统，利用微软的WSUS服务器进行强联动，辅以行之有效的用户端保护措施，帮助客户机高效、安全地完成Windows补丁更新，解决为Windows系统自动安装系统补丁程序的问题，从而进一步提高计算机及网络的安全性。

（四）网络安全监测与审计

1.网络管理系统

网络管理一般包括网络性能管理、配置管理、安全管理、计费管理和故障管理等五大管理功能。利用网络管理系统软件，可以实现对网络管理信息的收集、整理、预警，以视图方式实时监控各种网络设备的运行状态；建立针对全网络的管理平台，对网络、计算机系统、数据库、应用程序等进行统一管理，把网络系统平台由原先的被动管理转向主动监控，被动处理故障变为主动故障预警。

2.网络入侵检测

作为防火墙功能的有效补充，入侵检测/防御系统（IDS/IPS）可实时监控网络传输，主动检测可疑行为，分析网络外部入侵信号和内部非法活动，在系统遭受危害前发出报警，对攻击作出及时的响应，并提供相应的补救措施，从而最大限度地保障网络安全。

3.网络安全审计

将网络安全审计系统部署在企业网络中，能够监控、审查、追溯内部人员操作行为，防止企业机密资料泄露，统计网络系统的实际使用状况，帮助管理者及时发现潜在的漏洞和威胁，为企业的网络提供保障，促使企业的网络资源发挥应有的经济效益。

（五）企业网络安全管理制度保障

管理是企业网络安全的核心，技术是企业安全管理的保证。网络安全系统必须包括技术和管理两方面。只有规章制度、行为准则完整并和安全技术手段紧密结合，网络系统的安全才能得到最大限度的保障。只有制定合理有效的网络管理制度来约束员工，才能最大限度地保证企业网络平稳正常地运转。例如，禁止员工滥用计算机，禁止利用工作电脑随意下载软件，随意执行安装操作，禁止使用 IM 工具聊天等。

二、计算机网络安全的设计方案

（一）网络规划

整个网络架构可以划分为核心层、汇聚层和接入层。性能最好的设备应放在核心层，同时最重要的防护也要放在核心层。在布局核心层时，应采用双备份的三层交换和光纤冗余，保证网络的可靠性。根据安全程度，整个网络可以分为外网、内网和 DMZ（隔离）区。外网就是连接 Internet 的区域，这个区域最重要的就是能提供正常稳定的网络。在 DMZ 区则存放的是一些可以公开的服务器系统，可以让外网的人访问，如关于公司主页的 Web 服务器，还有邮件服务器和电子商务系统等。内网存放的则是一些重要的单位机密信息，禁止外面的人访问，如关于公司机密的数据库服务器、内部员工的重要信息等。

（二）在重要的区域间安装防火墙

一般公司安装的都是价格较贵但防范能力较强的硬件防火墙。防火墙种类较多，但现在一般会选用状态检测防火墙，结合包过滤和应用防火墙的优点。防火墙的体系结构一般会使用屏蔽主机结构，它比堡垒主机结构更安全。为了防止非授权用户的访问，更重要的是进行访问控制策略的设置，从而保证重要区域的数据。防火墙技术是抵抗黑客入侵和防止未授权访问的最有效手段之一，也是实现网络安全最普遍的工具之一。它是隔离内网与外网的一道安全的防护系统，同时也是网络安全最基本的基础设施。

（三）在防火墙的后面安装入侵检测系统

入侵检测系统的实现分为以下几个步骤：首先进行数据收集，通过监听端口，就可以收集到所关心的报文；然后进行数据分析，一般会通过模式匹配、统计分析和完整性分析三种手段，来发现是否有异常或者与平时正常活动的特征偏离多少来判断用户是否违反安全策略；最后如果被认定异常或与攻击行为的特征相匹配，则会进行记录和报警，并采取一定的措施，如断网、发报告给管理者等。入侵检测技术是指可以监测到计算机和网络资源的恶意使用行为，并能进行记录和报警的一种技术，主要针对网络系统外部的入侵和内部用户的非法使用等行为，而进行检测的软件和硬件的组合就是入侵检测系统。防火墙并不能完全保证网络的安全，而且防火墙更重要的是防止外来入侵，无法检测内部人员的非法访问。入侵检测系统则可以发现内部人员的非法访问，是防火墙的一个补充。

现在广泛应用的入侵检测系统一般都是主机型和网络型相结合的入侵检测系统。在一些特别重要的服务器可以安装主机型入侵检测系统，有一些重要网络的区域可以在交换机上连接网络型入侵检测系统。

（四）采用网络防病毒技术

计算机病毒的危险性是很大的，轻则占用系统资源，让机器运行缓慢，重则破坏重要的数据，甚至毁坏计算机的硬件，所以防范病毒是必需的。个人计算机通常安装个人版的杀毒软件，如瑞星、360 等即可；但对于一家企业来说，为了方便管理和维护，应该安装的是网络版杀毒软件，可以定期统一进行更新病毒库，也可以统一进行杀毒。当然更重要的是用户必须有安全意识，不要浏览不良网站，不要随意插 U 盘，等等。

（五）使用扫描技术

黑客之所以可以入侵系统，是因为他先踩点，使用扫描技术扫描出在一片区域中有哪一台机器存在漏洞，然后攻击它，并可以使它成为“肉鸡”，然后不断去攻击其他机器。所以，我们可以使用安全扫描技术来关闭某些不需要开放的端口和服务，也可以找出本系统的漏洞，然后根据漏洞打补丁和进行安全配置操作系统。

（六）防止 SNFIFFER 嗅探，对数据进行加密

如果传输的数据是明文，黑客可以利用 Sniffer 等软件获取你传输的信息，如果获取的内容有账号和密码等信息，后果不堪设想。因此，为防范嗅探，我们可以对敏感数据进行加密，如使用 SSH 协议或利用 PGP 软件等。

（七）安装用户上网行为的监控系统

为了提高工作效率，应该禁止员工在上班时间上网看电影、炒股、下载无关等，通过监控系统，可以杜绝个人大量地占用带宽，必要的时候还可以进行限流设置。

在当今时代，网络安全已和我们生活息息相关，设计一个安全的网络方案是必需的，该方案要更注重内网的防护设计，不仅要适合各类单位，而且要有一定的扩展性，即使网络技术在不断发展，方案也能适合未来的发展需求。但更重要的是每一位使用者都必须有安全意识，注意数据的备份，将风险降至最低。

第五节　计算机网络安全的评价标准

一、第一级——用户自主保护级

本级的计算机信息系统可信计算基通过隔离用户与数据，使用户具备自主安全保护的能力。它具有多种形式的控制能力，可以对用户实施访问控制，即为用户提供可行的手段，保护用户和用户信息，从而有效避免其他用户对数据的非法读写与破坏。

（一）自主访问控制

计算机信息系统可信计算基定义和控制系统中命名用户对命名客体的访问。实施机制允许命名用户以用户或用户组的身份规定并控制客体的共享，阻止非授权用户读取敏感信息。

（二）身份鉴别

在计算机信息系统可信计算基初始执行时，首先要求用户标识自己的身份，并使用保护机制（如口令）来鉴别用户的身份，阻止非授权用户访问用户身份鉴别数据。

（三）数据完整性

计算机信息系统可信计算基通过自主完整性策略，阻止非授权用户修改或破坏敏感信息。

二、第二级——系统审计保护级

与用户自主保护级相比，本级的计算机信息系统可信计算基实施了粒度更细的自主访问控制，它通过登录规程、审计安全性相关事件和隔离资源，促使用户对自己的行为负责。

（一）自主访问控制

计算机信息系统可信计算基定义和控制系统中命名用户对命名客体的访问。实施机制允许命名用户以用户或用户组的身份规定并控制客体的共享，阻止非授权用户读取敏感信息，并控制访问权限扩散。自主访问控制机制根据用户指定方式或默认方式，阻止非授权用户访问客体。访问控制的粒度是单个用户。没有存取权的用户只允许由授权用户指定对客体的访问权。

（二）身份鉴别

在计算机信息系统可信计算基初始执行时，首先要求用户标识自己的身份，并使用保护机制（如口令）来鉴别用户的身份，阻止非授权用户访问用户身份鉴别数据。通过为用户提供唯一标识，计算机信息系统可信计算基能够使用户对自己的行为负责。计算机信息系统可信计算基还具备将身份标识与该用户所有可审计行为相关联的能力。

（三）客体重用

在计算机信息系统可信计算基的空闲存储客体空间中，对客体初始指定、分配或在分配一个主体之前，撤销该客体所含信息的所有授权。当主体获得对一个已被释放的客体的访问权时，当前主体不能获得原主体活动所产生的任何信息。

（四）审计

计算机信息系统可信计算基能创建和维护受保护客体的访问审计跟踪记录，并能阻止非授权用户对它的访问或破坏。计算机信息系统可信计算基能记录下述事件：①使用身份鉴别机制；②将客体引入用户地址空间；③删除客体；④由操作员、系统管理员或系统安全管理员实施的动作以及其他与系统安全有关的事件。对于每一事件，其审计记录包括：事件的日期和时间、用户、事件类型、事件是否成功。对于身份鉴别事件，审计记录包含请求的来源（如终端标识符）；对于客体引入用户地址空间的事件及客体删除事件，审计记录包含客体名。然而对于不能由计算机信息系统可信计算基独立分辨的审计事件，审计机制提供审计记录接口，可由授权主体调用。这些审计记录区别于计算机信息系统可信计算基独立分辨的审计记录。

（五）数据完整性

计算机信息系统可信计算基通过自主完整性策略，组织非授权用户修改或破坏敏感信息。

三、第三级——安全标记保护级

本级的计算机信息系统可信计算基具有系统审计保护级的所有功能，此外还能提供有关安全策略模型、数据标记以及主体对客体强制访问控制的非形式化描述，能准确地标记输出信息，可以消除通过测试发现的任何错误。

（一）自主访问控制

计算机信息系统可信计算基定义和控制系统中命名用户对命名客体的访问。实施机制允许命名用户以用户或用户组的身份规定并控制客体的共享，阻止非授权用户读取敏感信息，并控制访问权限扩散。自主访问控制机制根据用户指定方式或默认方式，阻止非授权用户访问客体。访问控制的粒度是单个用户。没有存取权的用户只允许由授权用户指定对客体的访问权，阻止非授权用户读取敏感信息。

（二）强制访问控制

计算机信息系统可信计算基对所有主体及其所控制的客体（如进程、文件、段、设备）实施强制访问控制，为这些主体及客体指定敏感标记。这些标记是等级分类和非等级类别的组合，它们是实施强制访问控制的依据。计算机信息系统可信计算基支持两种或两种以上成分组成的安全级。计算机信息系统可信计算基控制的所有主体对客体的访问应满足：仅当主体安全级中的等级分类高于或等于客体安全级中的等级分类，且主体安全级中的非等级类别包含客体安全级中的全部非等级类别，主体才能读客体；仅当主体安全级中的等级分类低于或等于客体安全级中的等级分类，且主体安全级中的非等级类别包含客体安全级中的非等级类别，主体才能写一个客体。计算机信息系统可信计算基使用身份和鉴别数据，鉴别用户的身份，并保证用户创建的计算机信息系统可信计算基外部主体的安全级和授权受该用户的安全级和授权的控制。

（三）标记

计算机信息系统可信计算基应维护与主体及其控制的存储客体（如进程、文件、段、设备）相关的敏感标记，这些标记是实施强制访问的基础。为了输入未加安全标记的数据，计算机信息系统可信计算基向授权用户要求并接受这些数据的安全级别，同时可由计算机信息系统可信计算基审计。

（四）身份鉴别

计算机信息系统可信计算基初始执行时，首先要求用户标识自己的身份。计算机信息系统可信计算基可以维护用户的身份识别数据并确定用户的访问权及授权数据。计算机信息系统可信计算基使用这些数据鉴别用户身份，并使用保护机制来鉴别用户的身份，阻止非授权用户访问用户身份鉴别数据。通过为用户提供唯一标识，计算机信息系统可信计算基能够使用户对自己的行为负责，同时计算机信息系统可信计算基还具备将身份标识与该用户所有可审计行为相关联的能力。

（五）客体重用

在计算机信息系统可信计算基的空闲存储客体空间中，对客体初始指定、分配或再分配一个主体之前，撤销客体所含信息的所有授权。当主体获得对一个已被释放的客体的访问权时，当前主体不能获得原主体活动所产生的任何信息。

（六）审计

计算机信息系统可信计算基能创建和维护受保护客体的访问审计跟踪记录，并能阻止非授权用户对它的访问或破坏。

计算机信息系统可信计算基能记录下述事件：①使用身份鉴别机制；②将客体引入用户地址空间；③删除客体；④由操作员、系统管理员或系统安全管理员实施的动作以及其他与系统安全有关的事件。对于每一事件，其审计记录包括：事件的日期和时间、用户、事件类型、事件是否成功。对于身份鉴别事件，审计记录包含请求的来源；对于客体引入用户地址空间的事件及客体删除事件，审计记录包含客体名及客体的安全级别。此外，计算机信息系统可信计算基具有审计更改可读输出记号的能力。

因此，对于不能由计算机信息系统可信计算基独立分辨的审计事件，审计机制提供审计记录接口，可由授权主体调用。这些审计记录区别于计算机信息系统可信计算基独立分辨的审计记录。

（七）数据完整性

计算机信息系统可信计算基通过自主和强制完整性策略，阻止非授权用户修改或破坏敏感信息。在网络环境中，使用完整性敏感标记来确保信息在传送中不受损。

四、第四级——机构化保护级

本级的计算机信息系统可信计算基建立于一个明确定义的形式安全策略模型之上，要求将第三级系统中的自主和强制访问控制扩展到所有主体与客体，此外还要充分考虑隐蔽通道。本级的计算机信息系统可信计算基必须结构化为关键保护元素和非关键保护元素。计算机信息系统可信计算基的接口也必须明确定义，使其设计与实现能经受更充分的测试和更完整的复审。

（一）自主访问控制

计算机信息系统可信计算基定义和控制系统中命名用户对命名客体的访问。实施机制允许命名用户或用户组规定并控制客体的共享，阻止非授权用户读取敏感信息，进而控制访问权限扩散。

自主访问控制机制根据用户指定方式或默认方式，阻止非授权用户访问客体。访问控制的粒度是单个用户，因此没有存取权的用户只允许由授权用户指定对客体的访问权。

（二）强制访问控制

计算机信息系统可信计算基对所有主体及其所控制的客体（如进程、文件、段、设备）实施强制访问控制。为这些主体及客体指定敏感标记，这些标记是等级分类和非等级类别的组合，它们是实施强制访问控制的依据。计算机信息系统可信计算基支持两种或两种以上成分组成的安全级。计算机信息系统可信计算基外部的所有主体对客体的直接或间接的访问应满足：仅当主体安全级中的等级分类高于或等于客体安全级中的等级分类，且主体安全级中的非等级类别包含客体安全级中的全部非等级类别，主体才能读客体；仅当主体安全级中的等级分类低于或等于客体安全级中的等级分类，且主体安全级中的非等级类别包含客体安全级中的非等级类别，主体才能写一个客体。计算机信息系统可信计算基使用身份和鉴别数据，鉴别用户的身份，确保用户创建的计算机信息系统可信计算基外部主体的安全级和授权受该用户的安全级和授权的控制。

（三）标记

计算机信息系统可信计算基维护与可被外部主体直接或间接访问到的计算机信息系统资源（如主体、存储客体、只读存储器）相关的敏感标记。这些标记是实施强制访问的基础。为了输入未加安全标记的数据，计算机信息系统可信计算基向授权用户要求并接受这些数据的安全级别，且可由计算机信息系统可信计算基审计。

（四）身份鉴别

在计算机信息系统可信计算基初始执行时，首先要求用户标识自己的身份，并且，计算机信息系统可信计算基维护用户身份识别数据并确定用户访问权及授权数据。计算机信息系统可信计算基使用这些数据来鉴别用户身份，并使用保护机制来鉴别用户的身份，阻止非授权用户访问用户身份鉴别数据。因此，通过为用户提供唯一标识，计算机信息系统可信计算基能够使用户所有可审计行为相关联。

（五）客体重用

在计算机信息系统可信计算基的空闲存储客体空间中，对客体初始指定、分配或再分配一个主体之前，撤销客体所含信息的所有授权。当主体获得对一个已被释放的客体的访问权时，当前主体不能获得原主体活动所产生的任何信息。

（六）审计

计算机信息系统可信计算基能创建和维护受保护客体的访问审计跟踪记录，并能阻止非授权的用户对它的访问或破坏。计算机信息系统可信计算基能记录下述事件：①使用身份鉴别机制；②将客体引入用户地址空间；③删除客体；④由操作员、系统管理员或系统安全管理员实施的动作以及其他与系统安全有关的事件。对于每一事件，其审计记录包括：事件的日期和时间、用户、事件类型、事件是否成功。对于身份鉴别事件，审计记录包含请求的来源；对于客体引入用户地址空间的事件及客体删除事件，审计记录包含客体名及客体的安全级别。此外，计算机信息系统可信计算基具有审计更改可读输出记号的能力。对于不能由计算机信息系统可信计算基独立分辨的审计事件，审计机制提供审计记录接口，从而可由授权主体调用。这些审计记录区别于计算机信息系统可信计算基独立分辨的审计记录。

计算机信息系统可信计算基能够审计隐蔽存储信道时可能被使用的事件。

（七）数据完整性

计算机信息系统可信计算基通过自主和强制完整性策略，组织非授权用户修改或破坏敏感信息。在网络环境中，使用完整性敏感标记来确保信息在传送中不受损。

（八）隐蔽信道分析

系统开发者应彻底搜索隐蔽存储信道，并根据实际测量或工程估算确定每一个被标识信道的最大带宽。

（九）可信路径

对于用户的初始登录和鉴别，计算机信息系统可信计算基在它与用户之间提供可信通信路径。因此，该路径上的通信只能由该用户初始化。

五、第五级——访问验证保护级

本级的计算机信息系统可信计算基满足访问控制器需求，访问监控器仲裁主体对客体的全部访问。访问监控器本身是抗篡改的，必须足够小，能够分析和测试。为了满足访问监控器需求，计算机信息系统可信计算基在构造时，排除那些对实施安全策略来说并非必要的代码；在设计和现实时，从系统工程角度将其复杂性降至最低。计算机信息系统可信计算基支持安全管理员职能；扩充了审计机制，当发生与安全相关的事件时会发出信号；提供系统恢复机制。此外，系统还具有很高的抗渗透能力。

（一）自主访问控制

计算机信息系统可信计算基定义并控制系统中命名用户对命名客体的访问。实施机制允许命名用户或用户组规定并控制客体的共享，阻止非用户读取敏感信息并控制访问权限扩散。

自主访问控制机制根据用户指定方式或默认方式，阻止非授权用户访问主体。访问控制的粒度是单个用户。访问控制能够为每个命名客体指定命名用户和用户组，并规定他们对客体的访问模式。没有存取权的用户只允许由授权用户指定对客体的访问权。

（二）强制访问控制

计算机信息系统可信计算基对外部主体能够直接或间接访问的所有资源实施强制访问控制，为这些主体及客体指定敏感标记。这些标记是等级分类和非等级类别的组合，是实施强制访问控制的依据。计算机信息系统可信计算基外部的所有主体对客体的直接或间接的访问应满足：仅当主体安全级中的等级分类高于或等于客体安全级中的等级分类，且主体安全级中的非等级类别包含客体安全级中的全部非等级类别，主体才能读客体；仅当主体安全级中的等级分类低于或等于客体安全级中的等级分类，且主体安全级中的非等级类别包含客体安全级中的非等级类别，主体才能写一个客体。计算机信息系统可信计算基使用身份和鉴别数据，鉴别用户的身份，保证用户创建的计算机信息系统可信计算基外部主体的安全级和授权受该用户的安全级和授权的控制。

（三）标记

计算机信息系统可信计算基维护与可被外部主体直接或间接访问到的计算机信息系统资源相关的敏感标记，这些标记是实施强制访问的基础。为了输入未加安全标记的数据，计算机信息系统可信计算基向授权用户要求并接受这些数据的安全级别，且可由计算机信息系统可信计算基审计。

（四）身份鉴别

在计算机信息系统可信计算基初始执行时，首先要求用户标识自己的身份，而且，计算机信息系统可信计算基维护用户身份识别数据，并确定用户访问权及授权数据。计算机信息系统可信计算基使用这些数据，鉴别用户身份，并使用保护机制来鉴别用户的身份，阻止非授权用户访问用户身份鉴别数据。通过为用户提供唯一标识，计算机信息系统可信计算基能够使用户对自己的行为负责。此外，计算机信息系统可信计算基还具备将身份标识与该用户所有审计行为相关联的能力。

（五）客体重用

在计算机信息系统可信计算基的空闲存储客体空间中，对客体初始指定、分配或在分配一个主体之前，撤销客体所含信息的所有授权。当主体获得对一个已被释放的客体的访问权时，当前主体不能获得原主体活动所产生的任何信息。

（六）审计

计算机信息系统可信计算基能创建和维护受保护客体的访问审计跟踪记录，并能阻止非授权的用户对它的访问或破坏。

计算机信息系统可信计算基能记录下述事件：①使用身份鉴别机制；②将客体引入用户地址空间；③删除客体；④由操作员、系统管理员或（和）系统安全管理员实施的动作以及其他与系统安全有关的事件。对于每一事件，其审计记录包括：事件的日期和时间、用户、事件类型、事件是否成功。对于身份鉴别事件，审计记录包含请求的来源；对于客体引入用户地址空间的事件及客体删除事件，审计记录包含客体名及客体的安全级别。此外，计算机信息系统可信计算基具有审计更改可读输出记号的能力。对于不能由计算机信息系统可信计算基独立分辨的审计事件，审计机制提供审计记录接口，可由授权主体调用。这些审计记录区别于计算机信息系统可信计算基独立分辨的审计记录，计算机信息系统可信计算基能够审计在利用隐蔽存储信道时可能被使用的事件。

计算机信息系统可信计算基包含能够监控可审计安全事件发生与积累的机制，当超过阈值时，能够立即向安全管理员报警。因此，如果这些与安全相关的事件继续发生或积累，系统应以最小的代价中止它们。

（七）数据完整性

计算机信息系统可信计算基通过自主和强制完整性策略，阻止非授权用户修改或破坏敏感信息。在网络环境中，使用完整性敏感标记来确保信息在传送中不受损。

（八）隐蔽信道分析

系统开发者应彻底搜索隐蔽信道，并根据实际测量或工程估算确定每一个被标记信道的最大带宽。

（九）可信路径

当连接用户时（如注册、更改主体安全级），计算机信息系统可信计算基提供它与用户之间的可信通信路径。可信路径上的通信只能由该用户或计算机信息可信计算基激活，且在逻辑上与其他路径上的通信相隔离。

（十）可信恢复

计算机信息系统可信计算基提供过程和机制，保证计算机信息系统失效或中断后，可以进行不损害任何安全保护性能的恢复。

第二章　网络安全系统模型

由于网络安全的动态性，网络安全防范也在动态变化的过程当中，同时网络安全目标也表现为一个不断改进的、螺旋上升的动态过程。传统的以访问控制技术为核心的单点技术防范已经无法满足网络安全防范的需要，人们迫切地需要建立一定的安全指导原则以合理地组织各种网络安全防范措施，从而达到动态的网络安全目标。为了有效地将单个的安全技术有机融合成网络安全的防范体系，各种安全模型应运而生。所谓网络安全模型，就是动态网络安全过程的抽象描述。为了达到安全防范的目标，需要建立合理的网络安全模型描述，从而指导网络安全工作的部署和管理。目前，在网络安全领域存在较多的网络安全模型。这些安全模型都较好地描述了网络安全的部分特征，同时又都有各自的侧重，在各自不同的专业和领域都有着一定程度的应用。本章将介绍安全领域比较通用的网络安全模型，通过对安全模型的研究，了解安全动态过程的构成因素，是构建合理而实用的安全策略体系的前提之一。

第一节　网络安全系统模型的概念

一、网络安全系统模型概念的提出

近年来，互联网和网络技术得到了迅速的普及和广泛的应用，黑客入侵、蠕虫和拒绝服务等类型的网络攻击找到了更多的攻击途径，进而成为计算机网络系统面临的主要安全问题。这些恶意的攻击行为轻则窃取机密信息、篡改系统和数据，重则导致大规模的网络瘫痪或使网络服务不可用。例如，美国计算机紧急事件反应小组协调中心自从1998 年成立以来，收到的计算机安全事故报告的数量一直呈上升趋势，而这些接报的安全事件只是所有网络安全事件的冰山一角。为此，国内外的研究人员在计算机与网络安全的保护方面进行了大量深入的研究工作。

二、网络安全系统模型的研究现状

对计算机安全问题的研究，几乎深入计算机科学理论和工程的各个领域，软件的安全故障分析在软件的设计、测试和使用中有着不同的特点。在软件设计阶段，主要目的是努力避免危害安全的漏洞。在软件领域，为了最大限度地保证系统的安全性，研究者经常会构造一个形式化的安全模型并证明其正确，这些安全模型以有限状态机模型、存取矩阵模型、Bell-La Padula（贝尔-拉帕杜拉）模型和信息流模型为代表。在软件测试阶段，主要目的是要找出可能存在的造成渗透变迁的漏洞和错误。在软件系统的使用过程中，越来越多的网络安全事件和安全漏洞被公开，信息系统开发者也随之开发了不同的方法来分析攻击数据，找出其中结构化的和可重复使用的模式，提供给系统安全分析使用，从而为系统安全的改进和设计提供指导。针对计算机系统进行安全分析的工作最初使用的方法是传统的弱点扫描方法，即检验系统是否存在已公布的漏洞和简单的攻击路径。例如，基于主机的扫描工具有 COPS、Tripwire 等，基于网络的扫描工具有 Nmap、Nessus 等。这种安全评估方法就是把这些探测和扫描工具的执行结果罗列出来，生成简略的分析报告，直接提供给使用者。目前基于弱点检测的评估方法存在的主要问题有：第一，弱点的关联问题。由于系统中多个弱点的存在，简单地列举或者权值相加这种表达方式不能反映对漏洞关联使用造成的安全损害。第二，弱点的量化问题。现存的弱点检测之后就是根据弱点数据库里的知识，给予每一个弱点一个类似于高、中、低的模糊评价值，这种表示方法很难反映弱点在系统中造成的真实的安全问题。

随着计算机网络安全评估研究的不断深入，国内外的研究者基于弱点探测评估方法研究成果，开始逐步使用多种形式的工具来建立面向安全评估的安全模型。安全模型分析的方法可以有效地发现系统中复杂的攻击路径或者引起系统状态变迁的序列。攻击树就是一种基于变化的攻击来形式化、系统化地描述系统安全的方法，用来对安全威胁建模。在攻击树模型中，对系统安全的最终破坏可以被表达为一棵攻击树的树根，攻击者引起这种破坏的方式可以被表达成攻击树的低层节点。这种分析方法往往针对某种漏洞或某个服务，而在叶节点的属性，往往是一些冗余或过细的过程，缺乏全局的考虑。

在安全评估模型的理论探索中，北京大学的阎强博士根据信息技术评估标准定义了信息系统安全评估的安全要素集，以等级的形式表示信息系统的安全度量；并且根据组合独立性、组合互补性和组合关联性对安全要素做了区分，定义了访问路径、规范路径等概念，给出了信息系统安全度量的形式化评估模型及其实现。在实际使用安全模型进行评估时，尽管模型的建立比规则的抽取简单，能够全面地反映系统中存在的安全隐患，但是目前已有的研究在安全评估模型的建立、描述、验证和度量计算方法等方面都需要进行深入的探讨，因为主观因素和模型完备度的缺乏很容易造成结果的不确定性。

第二节　现有系统模型

一、主体-客体访问控制模型

主体-客体访问控制模型是网络安全领域早期使用的模型。其实，在安全人员尚未对网络安全的动态性有足够的认识时，人们提出和采用的是以访问控制技术为核心的简单安全模型。随着对安全工作和安全过程认识的不断深入，安全人员意识到，仅仅依靠单点的访问控制安全防护并不能收到有效的安全保障效果。目前，在实际网络安全体系中，访问控制模型常常与其他安全模型相结合，指导安全技术防护措施的选择和实施，以建立有效的网络安全防护体系。访问控制模型是一种从访问控制的角度出发，描述安全系统并建立安全模型的方法，主要描述了主体访问客体的一种框架，通过访问控制技术和安全机制来实现模型的规则和目标。可信计算机系统评估准则（Trusted Computer System Evaluation Criteria, TCSEC）提出了访问控制在计算机安全系统中的重要作用，TCSEC 要达到的一个主要目标就是阻止非授权用户对敏感信息的访问。访问控制在准则中被分为两类：自主访问控制（Discretionary Access Control, DAC）和强制访问控制（Mandatory Access Control, MAC）。近些年，基于角色的访问控制（Role-based Access Control, RBAC）技术正得到广泛的研究与应用。

（一）自主访问控制

自主访问控制又称任意访问控制，是根据自主访问控制策略建立的一种模型，允许合法用户以用户或用户组的身份访问策略规定的客体，同时阻止非授权用户访问客体。某些用户还可以自主地把自己拥有的客体的访问权限授予其他用户。在实现上，首先要对用户的身份进行鉴别，然后就可以根据访问控制列表所赋予用户的权限允许和限制用户使用客体的资源。主体控制权限通常由特权用户（如管理员）或特权用户组实现。

1.访问控制矩阵

任何访问控制策略最终可以被模型化为矩阵形式，矩阵中的每一个元素表示相应的用户对目标的访问许可，如表2-1所示。

表2-1 访问控制矩阵

用户	目标X	目标Y	目标Z
用户A	读、修改、管理		读、修改、管理
用户B		读、修改、管理	
用户C	读	读、修改	
用户D	读	读、修改	

为了实现完备的自主访问控制系统，由访问控制矩阵提供的信息，必须以某种形式保存在系统中，访问矩阵中的每一行表示一个主题，每一列则表示一个受保护的客体，而矩阵中的元素则表示主体对客体的访问模式。

2.访问能力表和访问控制表

在系统中访问控制矩阵本身都不是完整地存储起来的，由于矩阵中的许多元素常常为空，空元素会造成存储空间的浪费，而查找某个元素会耗费更多的时间，实际中通常是基于矩阵的列或行来表达访问控制信息的。如表2-2所示，基于矩阵的行的访问控制信息表示的是访问能力控制表（Capacity List, CL），每个主体都附加一个该主体可访问的客体的明细表；基于矩阵的列的访问控制信息表示的是该访问控制表（Access Control List, ACL），每个客体附加一个可以访问它的主体的明细表。自主访问控制模型的实现机制是通过访问控制矩阵实施的，具体的实现方法是：通过访问能力表来限定哪些主体针对哪些客体可以执行什么样的操作。

表 2-2 访问能力表与访问控制表的对比表

对比项	ACL	CL
保存位置	客体	主体
浏览访问权限	容易	困难
访问权限传递	困难	容易
访问权限收回	容易	困难
使用	集中式系统	分布式系统

多数集中式操作系统中使用的访问控制表或者类似的方法实施访问控制。由于分布式系统中很难确定给客体的潜在主体集，因此在现代系统中 CL 也得到了广泛应用。

3.优缺点

优点：根据主体的身份和访问权限进行决策；具有某种访问能力的主体能够自主地将访问权限的某个子集授予其他主体；灵活性高，被大量采用。

缺点：信息在传递过程中其访问权限关系会被改变。

（二）强制访问控制

MAC 是强加给主体的，是系统强制主体服从访问控制策略，强制访问控制的主要特征是对所有主体及其所控制的客体（进程、文件、段、设备）实施强制访问控制。

1.安全标签

强制访问控制对访问主体和受控对象标识两个安全标签，一个是具有偏序关系的安全等级标签，另一个是非等级的分类标签，它们是实施强制访问控制的依据。系统通过对比主体和客体的安全标签来决定一个主体是否能访问某个客体。用户的程序不能改变他自己及其他任何客体的安全标签，只有管理员能确定用户和组的访问权限。访问控制标签列表（Access Control Security Labels List, ACSLL）限定了一个用户对一个客体目标访问的安全属性集合。

2.强制访问策略

强制访问策略赋予每个主体与客体一个访问级别，如最高秘密级（Topsecret）、秘密级（Secret）、机密级（Confidential）及无级别（Unclassified），定义其级别为 T＞S＞C＞U。下面用一个例子来说明强制访问控制规则的应用：WES 服务以秘密级的安全级别运行。假如 WES 服务器被攻击，攻击者在目标系统中以秘密级的安全级别进行操作，他将不能访问系统中安全级为最高秘密级的数据。强制访问控制系统根据主体和客体的敏感标记来决定访问模式，访问模式包括：第一，向下读（Read Down, RD）：主体安全级别高于客体信息资源的安全级别时允许查阅的读操作；第二，向上读（Read Up, RU）：主体安全级别低于客体信息资源的安全级别时允许访问的读操作；第三，向下写（Write Down, WD）：主体安全级别高于客体信息资源的安全级别时允许执行的写操作；第四，向上写（Write Up, WU）：主体安全级别低于客体信息资源的安全级别时允许执行的写操作。由于 MAC 通过分级的安全标签实现了信息的单向流通，因此它一直被军方采用，其中最著名的是 Bell-la Padula 模型和 Biba 模型。Bell-la Padula 模型具有只允许向下读、向上写的特点，可以有效地防止机密信息向下级泄露，Biba 模型则具有不允许向下读、向上写的特点，从而可以有效地保护数据的安全性和完整性。

3.Bell-la Padula 模型

Bell-la Padula 安全模型也称为 BLP 模型，它利用“不上读/不下写”的原则来保证数据的保密性。该模型以信息的敏感度作为安全等级的划分标准，主体和客体用户被划分为以下安全等级：公开（Unclassified）、秘密（Secret）、机密（Confidential）和绝密（Topsecret）。安全等级依次增高。BLP 模型不允许低安全等级的用户读高敏感度的信息，也不允许高敏感度的信息写入低敏感度区域，禁止信息从高级别流向低级别。强制访问控制通过这种梯度安全标签实现信息的单向流通，这种方法一般应用于军事用途。

4.Biba 模型

由于 BLP 模型存在不保护信息的完整性和可用性、不涉及访问控制等缺点，Biba 模型作为 BLP 模型的补充而被提出。Biba 模型和 BLP 模型相似，也使用了和 BLP 模型相似的安全等级划分方式。主客体用户被划分为以下完整性级别：重要（Important）、很重要（Very important）和极其重要（Crucial），完整性级别一次次增高。Biba 模型利用“不下读/不上写”的原则来保证数据库的完整性，完整性保护主要是为了避免应用程序修改某些重要的系统程序和系统数据库。只有用户的安全级别高于资源的安全级别时才可对资源进行读写操作；反之，只有用户的安全级别低于资源的安全级别时才可读取该资料。

5.Chinese Wall 模型

Chinese Wall 模型是应用在多边安全系统中的安全模型，最初为投资银行设计。Chinese Wall 安全策略的基础是客户访问的信息不会与他们目前可支配的信息发生冲突。Chinese Wall 安全模型的两个主要属性：第一，用户必须选择一个它可以访问的区域；第二，用户必须自动拒绝来自其他与用户所选区域冲突的区域的访问。这个模型同时包括了 DAC 和 MAC 的属性。

（三）基于角色的访问控制模型

1.基本定义

RBAC 模型的要素包括用户、角色和许可等。用户是一个可以独立访问计算机中的数据或用数据表示其他资源的主体。角色是指一个组织或任务中的工作或者位置，它代表一种权利、资格和责任。许可是允许对一个或多个客体执行的操作。一个用户可经授权而拥有多个角色，一个角色可由多个用户组成；每个角色拥有多种许可，每个许可也可以授权给多个不同的角色；每个操作可施加于多个客体，每个客体可接受多个操作。

2.基本思想

RBAC 模型的基本思想是将访问许可权分配给一定的角色，用户通过饰演不同的角色获得角色所拥有的访问许可权限，角色可以看成一组操作的集合。一个角色可以拥有多个用户成员，因此 RBAC 模型提供了一种组织的职权和责任之间的多对多关系，这种关系具有反身性、传递性、非对称性等特点。RABC 模型是实施面向企业安全策略的一种有效的访问控制方式，具有灵活、方便和安全等特点。目前，RABC 模型在大型数据库系统的权限管理中得到普遍应用。角色由系统管理员定义，角色的增减也只能由系统管理员来执行，用户与客体无直接联系，不能自主地将访问权限授权给其他用户，这也是 RBAC 与 DAC 的根本区别所在。多数集中式操作系统中使用的访问控制表或者类似的方法实施此访问控制。

二、P2DR 模型

P2DR 模型是最先发展起来的一个动态安全模型。根据 P2DR 模型，完整的网络安全体系应当包括四个重要环节：Policy（核心安全策略）、Protection（防护）、Detection（检测）和 Response（响应）。防护、检测和响应组成了一个完整、动态的安全循环，并在核心安全策略的指导下保证网络系统的安全。根据 P2DR 模型理论，安全策略是整个网络安全的依据。

（一）策略思想

目前，随着网络规模扩大，网络中传感器的数量不断增多，配置的复杂度和费用也在不断增加，策略配置这种方式正逐步发展起来。

1.策略框架

策略框架采用域内策略管理的基本模型，它是与厂商和具体实现技术均无关的可扩展的通用模型。策略知识库用来存储策略信息和规则，原则上它可以采用任何一种技术，如数据库或目录，但推荐使用目录的方式。策略决策点（Policy Decision Point, PDP）作为策略服务器，具有三种功能：第一，响应策略事件，并锁定相应的策略规则；第二，完成状态和资源的有效性校验；第三，将存储在策略知识库中的策略规则转换成设备可执行的格式。策略执行点（Policy Enforcement Point, PEP）作为策略系统的客户端，负责执行具体的策略操作。

2.传输协议

PDP 与 PEP 之间可以有多种通信方式，如 CLI，SNMP，COPS，DIAMETER 等，其中 COPS 被公认是一种高效、优化的专用策略通信协议。作为专用的策略传输协议，COPS 在可靠传输、安全保证、同步机制等方面具有优良的性能，它的具体特点如下：

C/S 模型：COPS 是一种简单的请求 / 响应协议，用于策略服务器 PDP 和客户端 PEP 之间的信息交互。

可靠的传输机制：COPS 采用 TCP 作为传输协议，以保证 PEP 和 PDP 之间信息的可靠传输。

良好的扩展性：COPS 支持自说明对象。

消息层的安全保证：COPS 支持安全密钥及相关算法，在鉴权、重发保护、消息完整性方面提供消息层的安全保证。此机制可有效地用于 PEP、PDP 之间合法身份的校验，检验数据的完整性，从而防止消息重发。

可靠的同步机制：在动态的网络环境中，保证客户端与服务器之间的同步尤为重要。COPS 是有状态的协议，可以有效地保证客户端 PEP 与服务器 PDP 之间的状态同步。

3.通信方式策略

PDP 和 PEP 之间的通信方式有两种：Provisioning 方式和 Outsourcing 方式。Provisioning 方式中网络管理员可以定义各种策略，然后将这些策略分发到各个策略执行点去实施。在策略实施之前，策略已经确定。根据网络安全设备实时性强的特性，采用 Provisioning 方式进行通信。

（二）策略描述

根据基于策略的管理框架，高级策略可以映射为低级策略，直至网元能够识别设备相关的策略。高层策略语言较少，其中最具代表性的是策略研究领域最早也是最有影响力的策略语言之一——Ponder 策略语言。策略是指一系列管理网络资源的规则集合。每条规则的定义采用 if/then 结构，当满足规则的条件时，执行规则定义的相应操作。基于策略的管理，就是指系统根据已经制定好的策略，对相应的事件采取一系列规定动作。在目前的集成管理系统中，并不能根据业务提供商的商业规则和商业需要进行网络管理，业务提供商的商业规则、商业需要并不能被自动地翻译为网络中网元的配置。因此，策略的引入可以解决从商业策略到网元配置的断层问题。

1.Ponder 策略的分类

根据 Ponder，策略分为基本策略和复合策略。基本策略包括义务策略、报警策略、限制策略、关联策略、元策略、授权策略等，复合策略是由基本策略组合而成的。

义务策略：指定了当某一个事件发生时策略主体必须在客体上执行的动作。义务策略总是由触发事件来触发的。与授权策略不同的是，响应策略必须由主体来解释。

报警策略：指定了当某一事件发生时策略主体必须向管理员执行的动作，它也是由主体来解释的。

限制策略：定义了禁止主体在客体上执行的动作。与义务策略一样，它是由主体执行的。限制策略适用于下面的情况：第一，客体不被主体信任；第二，主体被允许执行动作。

关联策略：定义角色之间的联系。许多大的企业都具有分支机构、部门等，这些分支和部门都具有相同的策略配置。

元策略：在一个域中的策略的有效性往往依赖于同域中的其他策略。这种关系不可能在每条策略中加以定义，常用的方法是在一组策略后加上附加描述，而这一附加描述就是元策略。

授权策略：它是用来指定访问权限的，即 Subject Domain 中的成员能在 Target Domain 中的对象上进行何种操作，操作指定方式是通过接口函数（action 部分）实现的。

2.策略的描述

利用 Ponder 策略语言，可以将高级商业策略描述出来，再通过编译器将 Ponder 转化为通用的设备操作和配置信息。XML 作为一种标准的、结构化的可扩展标记语言，用作通用设备策略描述语言非常合适。其结构避免了二义性，并用文档类型定义（Document Type Defination, DTD）或 XML SherIla 定义数据的组织和逻辑结构，完善的编程接口为数据的定义、交换及程序自动处理提供了保证。XML 的自描述性和可扩展性，使它足以描述各种类型的数据。对于通用设备操作和配置信息，根据 LETF 的描述以及 NIDS 和防火墙系统的特点，对通用信息采取以下描述：

域（domain）：具有某些相同对象的集合，域的成员有两种——单个对象（object）和域。

用户（users）：在所监控的网络中合法注册的用户，可以根据域来进行分组管理。

主机（hosts）：在所监控的网络中合法注册的主机，可以根据域来进行分组管理。

服务（service）：在所监控网络中给定的网络服务。

资源（resources）：网络中给定的资源，一个资源是用户、主机和服务的三元组。

动作（action）：网络中给定的执行动作。

策略（policy）：策略主体施加给策略客体对资源访问规则的集合。

三、APPDRR 模型

网络安全的动态特性在 PDR 模型中得到了一定程度的体现，其中主要是通过入侵的检测和响应完成网络安全的动态防护。然而，PDR 模型不能描述网络安全的动态螺旋上升过程。为了使 PDR 模型能够贴切地描述网络安全的本质规律，人们对 PDR 模型进行了修正和补充，并在此基础上提出了 APPDRR 模型。APPDRR 模型认为，网络安全由风险评估（Assessment）、安全策略（Policy）、系统防护（Protection）、动态检测（Detection）、实时响应（Reaction）和灾难恢复（Restoration）六部分完成。根据 APPDRR 模型，网络安全的第一个重要环节是风险评估，通过风险评估，可以掌握网络安全面临的风险信息，进而采取必要的处置措施，促使信息组织的网络安全水平呈现动态螺旋上升的趋势。网络安全策略是 APPDRR 模型的第二个重要环节，起着承上启下的作用：一方面，安全策略应当随着风险评估的结果和安全需求的变化进行相应的更新；另一方面，安全策略在整个网络安全工作中处于原则性的指导地位，其后的检测、响应等环节都应在安全策略的基础上展开。系统防护是 APPDRR 模型的第三个环节，体现了网络安全的静态防护措施。接下来是动态检测、实时响应、灾难恢复三个环节，体现了安全动态防护和安全入侵、安全威胁“短兵相接”的对抗性特征。APPDRR 模型还隐含了网络安全的相对性和动态螺旋上升的过程，即不存在百分之百静态的网络安全，网络安全表现为一个不断改进的过程。通过风险评估、安全策略、系统防护、动态检测、实时响应和灾难恢复等六个环节的循环流动，网络安全逐渐地得以完善和提高，从而实现保护网络资源的网络安全目标。

（一）SAPPDRRC 网络安全模型

网络的安全是一个全局、动态的概念。PDR 模型、P2DR 模型以及 APPDRR 模型虽然能最大限度地减少网络攻击带来的损失，然而系统为防御与保护而付出的代价很大，系统的功能和速度也会因此受到影响。此外，若以某个局部的网络系统来考虑，这种模型基本起到了保护自己的作用；但是从整个互联网环境考虑，这种安全模型没有发挥它应有的作用。假设互联网上有 A、B、C、D 四个相互独立的安全系统，现在有来自网络 B 的某个攻击 X，X 攻击 A，被 A 检测到，A 可以保护自己不受损失。X 可以继续在网上攻击 B、C、D 甚至 A，因为 A 虽然发现有非法攻击 X，但是它不能杜绝 X 在网络中肆意骚扰其他的网络，A 只能被动防守。所以，PDR 模型、P2DR 模型以及 APPDRR 模型均是一种局部系统的被动动态防御性模型，基于网络环境整体考虑的主动防御能力还不够。

SAPPDRRC 动态网络安全模型能够提供给用户更完整、更合理的安全机制，能够根据具体的服务需求进行风险分析，制定相应的安全策略，启动与服务需求相适应的检测、防御、响应机制，把因安全防御对系统功能与速度的影响降到最低；同时，能够将发现的非法攻击情况通知发源地，请求其切断该攻击源，即将攻击消灭在攻击源所在的系统内。

SAPPDRRC 动态安全体系可以概括为：网络安全＝服务需求＋风险分析＋安全策略＋防御系统＋实时监测＋实时响应＋灾难恢复＋主动反击。也就是说，网络的安全是一个 SAPPDRRC 的动态安全模型。

动态安全体系的设计应充分考虑服务需求、风险评估、安全策略的制定、防御系统、监控与检测、响应、恢复与主动反击等各个方面，并且考虑到各个部分之间的动态关系与依赖性。

1.服务需求

服务需求是整个网络安全的前提，它是动态变化的。只有针对特定的服务进行风险分析，制定相应的安全策略，才能把因安全防御对系统功能与速度的影响降至最低。

2.风险分析

进行风险分析和提出安全需求是制定网络安全策略的依据。风险分析（又称风险评估、风险管理）是指确定网络资产面临的安全威胁和网络的脆弱性，并估计可能由此造成的损失。风险分析有两种基本方法，定性分析和定量分析。

3.安全策略

安全策略是模型的核心，负责制定一系列的控制策略、通信策略和整体安全策略。在制定网络安全策略时，要从全局考虑，基于风险分析的结果进行决策。

4.系统防御

系统防御通过采用传统的静态安全技术来实现，主要有防火墙、加密、认证等。通过系统防御可以限制进出网络的数据包，防范由外对内的攻击以及切断由内对外的非法访问。

5.实时监测

实时监测是整个模型动态性的体现，能够保证模型随时间的递增，其防御能力也随之增强。

系统防御与实时监测主要包括：防火墙、漏洞扫描、入侵检测、防病毒、网管、网站保护、备份与恢复、VPN、数字证书、加密、日志与审计，以及一些增强型的安全技术（如动态口令、互联网安全协议等）。此外，还要确立设施与环境保护要求、设备选型原则、安全配置原则和隔离原则等。

6.响应

响应指发生安全事故后的紧急处理程序。响应组织一般要有以下基本成分：第一，安全管理中心；第二，入侵预警和跟踪小组；第三，病毒预警和防护小组；第四，漏洞扫描小组；第五，跟踪小组；第六，其他安全响应小组。响应是解决安全潜在性问题最有效的方法。从某种意义上讲，安全问题就是要解决紧急响应和异常处理问题。

7.灾难恢复

灾难恢复是指将受损的系统复原到发生安全事故以前的状态，这是一个复杂和烦琐的过程。一般灾难恢复组织主要包括以下基本成分：第一，恢复领导小组；第二，网络恢复小组；第三，系统恢复小组；第四，数据库恢复小组；第五，应用恢复小组。灾难恢复是系统生存能力的重要体现。

8.主动反击

主动反击是指当破坏安全的网络行为发生时，网络安全系统能及时记录其行为的相关特征，作为追究责任的证据，并主动封杀该行为。如果是来自本地网络的攻击，则将其封杀在本地网络内；如果是外部攻击，则将其攻击行为通知给发起该攻击的站点的网络安全系统，令其及时封杀，以避免类似的攻击在网上再次出现，从而有效地提高网络的安全性。

（二）网络的安全因素

从系统和应用的角度看，网络的安全因素可以划分为五个层次：物理层、系统层、网络层、应用层以及安全管理层。不同的层次包含不同的安全问题。

物理层安全：主要包括通信线路、物理设备的安全及机房的安全等。在物理层上主要通过制定物理层面的管理规范和措施来提供安全解决方案。

系统层安全：该层的安全问题来自网络运行的操作系统（如 Unix 系列、Linux 系列、Windows NT 系列、Net Ware 以及专用操作系统等）。安全性问题表现在两个方面：①操作系统本身的不安全因素，主要包括身份认证、访问控制、系统漏洞等；②操作系统的安全配置存在问题。

网络层安全：网络层的安全防护是面向 IP 包的。该层的安全问题主要指网络信息的安全性，主要包括网络层身份认证、网络资源的访问控制、数据传输的保密性与完整性、远程接入、域名系统及路由系统的安全，入侵检测的手段等。

应用层安全：该层的安全考虑网络对用户提供服务所采用的应用软件和数据的安全性，主要包括数据库软件、Web 服务、电子邮件系统、域名系统、交换与路由系统、防火墙及应用网关系统、业务应用软件以及其他网络服务系统等。

管理层安全：主要包括安全技术和设备的管理、安全管理制度等。管理的制度化程度极大地影响着整个网络的安全。严格安全管理制度、明确部门安全职责划分及合理定义人员角色都可以在很大程度上减少安全漏洞。一个完整的解决方案必须从多方面入手，当网络发生变化或者出现新的安全技术和攻击手段时，动态安全体系必须能够包容新的情况，并及时作出反应，把安全风险维持在所允许的范围之内。

（三）主动动态防御技术

目前常用的主动动态防御技术有陷阱网络和防火墙网络。陷阱网络是基于 Honeypot（蜜罐技术）理论，采用的是一种研究和分析黑客的思想，它由放置在网络中的若干陷阱机和一个远程管理平台组成。陷阱机是一种专门为让人“攻陷”而设计的网络或主机，一旦被入侵者攻破，入侵者的信息和工具等都有可能被记录，并被用来分析，还有可能作为证据来起诉入侵者。陷阱网络应用是指陷阱网络中常用的信息控制、信息捕获和入侵重定向技术。当入侵检测系统检测到攻击行为后，就会立即报警，截获攻击者的数据包，并将结果通知入侵重定向系统，入侵重定向系统复制数据，并切断入侵者与实际网络的连接，从而将所有数据流向陷阱网络。

防火墙网络是借鉴实际生活中的公安系统模式，将互联网上的所有防火墙视为一个防火墙网络。当某个系统的防火墙（某地公安局）发现攻击行为（罪犯的犯罪行为）时，立即通过互联网通知该攻击行为所在系统的防火墙（当地公安局）。该防火墙就会记录并封杀该攻击行为（罪犯所在地的公安机关捉拿罪犯），使该攻击不能在互联网上传播（使该罪犯没有机会再犯罪），被消灭在局部范围内。

四、PADIMEE 模型

P2DR 安全模型和 APPDRR 安全模型都是偏重理论研究的描述型安全模型。在实际应用中，安全人员往往需要的是偏重安全生命周期和工程实施的工程安全模型，从而能够给予网络安全工作直接的指导。PADIMEE 模型主要包含以下几个部分：Policy（安全策略）、Assessment（安全评估）、Design（设计/方案）、Implementation（实施/实现）、Management/Monitor（管理/监控）、Emergency Response（紧急响应）和 Education（安全教育）。

（一）PADIMEE 模型介绍

PADIMEE 模型是较为常用的工程安全模型，它是由安氏公司提出并被业界广泛认同的信息安全生命周期方法论。

在策略制定阶段，要确定网络信息安全策略和目标。

在评估分析阶段，要实现需求分析、风险分析、信息安全功能分析和评估准则设计等，明确表述现状和目标之间的差距。

在设计/方案阶段，要形成系统信息安全解决方案，为达到目标制定有效的方法和步骤。

在实施/实现阶段，要根据方案设计的框架进行建设、调试并将整个系统投入使用，对系统中发现的漏洞进行信息安全加固，消除信息安全隐患。

在管理/监控阶段，要通过安全手段对信息系统进行有效的管理和监控。

在紧急响应阶段，要尽快地恢复应用系统的运作和减少数据的丢失。

教育培训阶段是贯穿整个信息安全生命周期的工作，需要对决策层、技术管理层、分析设计层、工作执行人员等所有相关人员进行安全教育培训。

PADIMEE 模型是以安全策略为中心，以安全教育为基础，通过评估、设计、实现、管理（以及异常状态下的管理——紧急响应），将安全实施变成一个不断改进的呈生命周期的循环过程。

（二）基于 PADIMEE 模型的安全评估

在 PADIMEE 模型中，网络信息安全评估是从风险管理角度，运用科学的方法和手段，系统地分析网络与信息系统所面临的威胁及其存在的脆弱性，评估安全事件一旦发生可能造成的危害程度，提出有针对性的抵御威胁的防护对策和整改措施。通过制定评估计划、收集资料、评估分析和形成评估报告四个步骤，对单位所有节点中的重要信息资产从技术和管理两个层面进行评估分析。技术层面的评估分析是针对网络和主机上存在的安全技术风险进行的，主要包括：网络设备、主机系统、操作系统、数据库、应用系统等软硬件设备。管理层面的评估分析是从组织的人员、组织结构、管理制度、系统运行保障措施以及其他运行管理规范等角度，分析业务运作和管理方面存在的安全缺陷，具体有以下几个方面：

1.资产调查评估

它是整个信息安全防护的基础，其目的就是对单位的各类资产做潜在价值分析，了解其资产利用、维护和管理现状，并结合信息安全需求分析报告对其进行有序的分类和分级，从而使单位能够更合理地利用和保护现有资产。资产调查类别主要包括：数据、服务、硬件和软件、通信、文档、支持设施、人员和企业形象以及客户关系等有形资产和无形资产。

2.信息安全策略评估

它是用于分析单位已形成的信息安全策略是否能满足实际的需求，同时分析策略的有效落实情况。

3.脆弱性分析评估

它的目的是检测有可能被潜在威胁源利用的信息安全隐患或漏洞。检测分析手段主要包括调查问卷、人员访谈、现场勘察、文档查看、工具扫描、主机审计、渗透测试、系统分析等。脆弱性分析强调系统化地衡量这些脆弱性部位，主要包括：通过审阅单位信息网络系统设计方案中的物理拓扑图，结合现场勘查，以国际信息安全标准和框架为指导，从物理层、网络层到应用层对网络的结构、网络协议、网络流量、网络规范性等方面进行分析，指出网络现状不足；对网络中主机、网络设备、数据库等的配置以及相关机制进行检查，挖掘网络系统的脆弱性；使用漏洞扫描工具对网络中的主机、网络设备、数据库等进行脆弱性评估，找出隐患和漏洞；采用渗透测试，模拟黑客可能使用的攻击技术和漏洞发现技术，对目标系统的信息安全做全面的探测，以此发现系统最脆弱的环节。

（三）基于 PADIMEE 模型的安全修复（加固）

PADIMEE 模型中的网络信息安全修复（加固）是根据网络信息安全策略和安全评估报告，基于网络信息安全的漏洞、修补库和管理、配置策略库，为各种操作系统、网络设备、数据库和应用系统、信息安全设备进行信息安全加固，从而在满足实用的基础上尽量增加其信息安全性。具体包含以下几个方面：

1.网络架构调整

从整体上优化网络架构，构建良好的信息安全区域划分，提高网络性能。

2.信息安全策略加固

根据前期评估的结果，对已有的策略中不适合当前实际工作状况的或没有有效落实的部门进行相应的调整，以期望在技术和管理两个层面上对用户的信息安全策略进行一次综合调整。

3.网络设备加固

对已有的网络设备做加固措施，主要包括访问控制加固、反入侵加固、防火墙等的设备加固、灾难恢复及设计加固等。

4.主机加固

根据信息安全评估结果，制定相应的系统加固方案，针对不同的目标系统，通过打补丁、修改信息安全配置、增加信息安全机制等方法，合理加强信息安全性。微软操作系统加固主要内容包括：补丁、文件系统、账号管理、网络及服务、注册表、共享、应用软件、审计/日志、其他（如紧急恢复、数字签名等）。

5.数据库加固

对已有的数据库做加固措施，主要内容包括：主流数据库系统（Oracle、SQL Server、Sybase、MySQL 等）的补丁、账号管理、口令强度和有效期检查、远程登录和远程服务、存储过程、审核层次、备份过程、角色和权限审核、并发事件资源限制、访问时间限制、审核跟踪等。

6.信息安全产品加固

对已有的信息安全产品做加固措施，主要内容包括：防火墙产品访问控制策略优化、入侵检测产品策略库优化、日志审计系统的优化、桌面终端产品的策略调整和优化。

随着网络的不断发展和变化，网络信息安全防护应树立动态防护的理念。PADIMEE 动态模型的每个环节都紧密相关，具有“生命周期”的特征。根据 PADIMEE 模型，网络安全需求主要在以下几个方面得以体现：第一，制定网络安全策略，反映组织的总体网络安全需求；第二，通过网络安全评估，提出网络安全需求，从而更加合理、有效地组织网络安全工作；第三，在新系统、新项目的设计和实现中，应充分分析可能引致的网络安全需求，并采取相应的措施，在这一阶段开始网络安全工作，往往能够收到“事半功倍”的效果；第四，管理/监控也是网络安全实现的重要环节，其中既包括了 P2DR 安全模型和 APPDRR 安全模型中的动态检测内容，也涵盖了安全管理的要素。通过管理/监控环节，并辅以必要的静态安全防护措施，可以充分满足特定的网络安全需求，从而使既定的网络安全目标得以实现；第五，紧急响应是网络安全的最后一道防线。由于网络安全的相对性，采取的所有安全措施实际上都是将安全工作的收益（以可能导致的损失来计量）和采取安全措施的成本相配比进行选择、决策的结果。基于这样的考虑，在网络安全工程实现模型中设置一道这样的最后防线有着极为重要的意义。通过合理地选择紧急响应措施，可以做到以最小的代价换取最大的收益，从而减弱乃至消除安全事件的不利影响，进而有助于实现信息组织的网络安全目标。

第三节　入侵容忍的软件体系结构

在当今计算机软硬件及互联网快速发展的形势下，网络病毒、网络攻击也在不断地变种、升级，更加严重地威胁着企业及个人信息的安全，依靠传统的以保障、防护为主的安全策略及方法已经远不能满足信息安全的要求。入侵容忍作为第三代信息安全技术，改变了传统的以隔离、防御、检测、响应和恢复为主的思想，假定系统中存在一些受攻击点，在系统可容忍的限度内，这些受攻击点并不会对系统的服务造成灾难性影响，系统本身仍能保证最低质量的服务。在以第二代互联网为主要交互平台的网络环境中，入侵容忍能保证服务端在适当降低服务效率的情况下，不间断地为客户端服务，这也是对服务端信誉的有利保证。入侵容忍并不是取代以往的安全策略及方法，而是对它们的一个很好的补充。应用入侵容忍技术，不仅能够提高系统的存活性，而且可以将关键任务的服务维持在一个用户可接受的水平，最终成为网络安全的最后一道防线。入侵容忍技术是一门融合密码技术和容错技术的新的网络安全技术。

一、入侵容忍的概念

（一）基础概念

1.入侵容忍概念

早在 1982 年，国外就提出了入侵容忍相关概念。入侵容忍概念的提出主要是源于故障模型，该模型将一个计算机系统出现的故障归为两类：第一，故意故障，主要是由攻击、病毒、蠕虫等引起的；第二，非故意类故障，主要是由代码错误、开发环境错误和配置错误等原因引起的。

2.入侵容忍系统

传统的安全工作主要包括：阻止攻击的发生，不断解决系统存在的安全漏洞。但由于未知攻击和已知攻击的不断变种，完全杜绝新安全漏洞是不可能的，因此建立入侵容忍系统非常必要。入侵容忍系统是指系统能在遭受一定入侵的情况下，通过采取一些必要的措施手段，保证关键应用或关键服务能连续正确地工作。入侵容忍系统具有自我诊断能力、故障隔离能力和还原重构能力。

（二）基础理论

1.现机制

入侵容忍系统的主要实现机制有：安全通信机制、入侵检测机制、入侵遏制机制、错误处理机制和数据转移机制。安全通信机制是通过加密、认证、消息过滤等方法实现的；入侵检测是对网络中潜在的或正在进行的攻击进行实时监测、响应的，主要有异常和滥用两种检测方法，目前已经发展到分布式入侵检测阶段，可用来检测大规模网络环境下的协同攻击；入侵遏制是通过结构重构和冗余等方式达到进一步阻止入侵目的的；错误处理机制主要通过错误屏蔽的方法检测和恢复系统发生失效后的错误；数据转移机制主要是对数据进行本地或异地备份，为数据恢复做好准备。

2.现策略

入侵容忍系统的策略是指导入侵容忍系统的设计，并决定其运行效果的关键。它与入侵容忍的程度和可配置性有关。

（1）入侵容忍的程度

入侵容忍的程度是指在应用系统受到入侵时，入侵容忍系统需要保护应用系统的程度。

（2）可配置性

在入侵容忍能力和代价上进行权衡，对于一个已经实现的入侵容忍系统，要求在运行过程中，可根据管理员的意图，动态配置系统，调整入侵容忍的策略，以在入侵容忍收益与入侵容忍代价之间取得最佳的平衡。

3.现方法

入侵容忍基本思想不是设法阻止错误，而是容忍错误，使系统维持生存。目前应用较广泛的两种入侵容忍途径包括攻击响应和攻击遮蔽。

（1）攻击响应

当检测到系统局部失效或故障时，对系统当前的危险状态进行估测，然后根据相应的策略调整系统结构，为系统重新分配资源（如重装系统），继而使系统能继续服务。只要保证在系统更新时间间隔内，系统的局部失效或故障的数量小于所能容忍的最大故障数量，并能及时移出恶意攻击或错误，从而避免对系统造成的不良影响。

（2）攻击遮蔽

利用容错技术原理，在系统设计之初，就应该设计足够充分的冗余等，以保证各冗余部件之间具有复杂的关系和不同的结构。利用门限密码学、拜占庭容错机制等，通过定义每个部件之间的监控规则，遮蔽故障或攻击对系统的影响，进而进行局部的系统恢复。与前一种途径相比，这种途径增加了硬件开销和各部件之间的复杂度，同时能减少恢复系统的时间开销，并且时间效率较高。

（三）技术分类

1.基于被保护对象

一般按照被保护对象的不同，可将入侵容忍分为面向服务和面向数据的。第一，面向服务的入侵容忍。对服务的入侵容忍，在系统面临攻击的情况下，仍能为合法用户提供有效服务的问题。第二，面向数据的入侵容忍。对数据的入侵容忍，在可面临攻击的情况下，保证数据的机密性和可用性。

2.基于功能需求

按照功能需求，入侵容忍可分为预防与检测、恢复与重构。第一，预防与检测，包括防火墙和入侵检测系统（Intrusion Detection System, IDS）在内的预防网络入侵的技术，还包括有防范意识的系统结构、精确的功能描述方法、安全的协议、受保护的数据结构和完善的管理规则等。第二，恢复与重构，强调系统受到一定程度的入侵后，如何发现入侵、排除干扰、继续提供服务和重构系统。

3.基于实现技术

入侵容忍基于实现技术可分为三大类：第一，基于冗余与适应性的入侵容忍，主要研究冗余与适应性的入侵容忍算法和入侵容忍构建方法，如拜占庭容错机制。第二，基于门限密钥共享体制的入侵容忍，主要研究密钥管理（包括共享秘密的产生、分配与更新）、门限秘密共享体制的设计、组件间交互的协议分析设计与验证、多方计算、重构过程、系统恢复与系统评估等工作。在入侵容忍中，假设各参与方是不安全的，不能独自恢复秘密，而传统系统则相反，认为参与各方是安全的。第三，基于系统重配的入侵容忍，主要研究当系统组件产生入侵触发信息后，对系统组件进行重新配置的策略和方法，进而建立起能对大规模、异步的分布式系统进行主动或反应性重新配置的安全、自动框架。

二、入侵容忍框架

（一）安全且容错的通信

这是一个框架，它是关于确保入侵容忍通信协议的主要部分。实际上，和这个框架相关的是安全通道、安全套装和传统错误容忍通信。通常设置安全信道是为了在主要节点之间进行常规通信或是那些对于会话或连接的概念来讲，持续时间够长的有意义通信。例如，文件传输或者远程会话。它们处于适应性与速度的平衡之中，因为它们是在线操作，所以有可能同时结合使用物理或虚拟加密。安全信道对每一个会话采取安全保证，且通常使用对称通信封装、签名或者基于加密校验的信道验证。安全套装主要用于偶发性的传输，它们对每个消息进行安全保证，而且可能综合使用对称和非对称加密（也叫混合加密）作为提高性能的形式，尤其是对那些拥有大量消息的通信。在传统的错误容忍通信中，遗漏型的错误模型（崩溃、疏忽等）很常见。在 IT 中，故障模式假设应该以 AVI 错误模型为导向。

（二）基于软件的入侵容忍

基于软件的入侵容忍的目的在于通过用软件的方式来容忍硬件的错误，并通过设计的多样性来容忍软件自身设计的失误。同时复制软件的错误容忍在处理瞬时的和间断的软件错误是很有效的。其中基于软件的错误容忍是分布式容错的主要实现方式，它的主要构成就是软件模块。在设计或者配置的方案中，不能只是简单地复制，这样会将错误复制到所有系统中去，反而加剧了系统的可攻击性。我们可以运用设计的多样性，来解决攻击者定时定向、自同步地对系统中同样的复件进行攻击的问题。例如，使用不同的操作系统，不但可以降低通用模式的缺陷，而且可以降低通用模式攻击的概率，从而达到利用通用模式来降低入侵的概率。但由于多数软件产品研发费用很高，所以在实际应用中很少利用软件的设计多样性来避免通用模式入侵这一方式。可以考虑采用不同的体系框架，不对预期的结果进行断言，而是测试执行结果。当部件有足够高的可信任性时，对部件之一实施攻击，就可以检测出缺陷的程度。此时可以应用实现复件集的可靠性这样的传统的原理，复件集相对于单一复件，可靠性要高很多。例如，简单的复制可以通过加大攻击难度和延长时间来实现容忍攻击。由于同一部件的复件可以在不同时刻不同环境的不同硬件或者操作系统中作用，所以以上方法已经达到了入侵容忍的目的。同样，短暂的间歇错误甚至是恶意错误都可以用这种方法来实现入侵容忍。

（三）基于硬件的入侵容忍

基于硬件的方式和利用软件来实现入侵容忍的方式是相辅相成的。基于硬件的入侵容忍中带有增强受控错误模式，可以作为提供基础框架的方法。此外，协议在基础框架中也起到一定作用。能容忍任意错误的分布式算法在资源及时间上都是耗费巨大的。为了更有效率，带有增强受控错误模式的硬件部件的使用通常是可取的。协议在这个基础架构中对良性错误有恢复性，但这并不意味着系统对恶意错误的恢复性有所降级。基于软件和基于硬件的错误容忍并不是不相容的设计架构。在模块化和分布式系统的环境中，错误容忍硬件本应该被看作一种构筑故障控制部件的方法，换句话说，部件可以防止产生这类故障。这有助于建立改良的可信任的级别，同时也有助于使用相应的改良的信任来实现更加有效的错误容忍系统。

（四）审计和入侵检测

记录系统活动和时间是一个良好的管理程序，在许多操作系统中都有日常的记录。通过分析日志，可以对问题及原因有一个诊断。审计追踪在安全领域中是一个至关重要的框架。

入侵检测在安全领域是一个传统的架构，它包含了各种方法来检测入侵的出现或者可能性。入侵检测可以在运行时执行或者离线执行。所以，入侵检测系统是一个可以监视记录系统活动的监管系统。

根据方法学，传统的入侵检测系统属于基于行为（或者异常）的检测系统或者基于知识（或者误用）的检测系统。

三、入侵容忍的应用领域、存在的问题与前景展望

（一）入侵容忍的应用领域

目前，入侵容忍已深入计算机所能涉及的各个领域。作为受保护系统的最后一道屏障，入侵容忍发挥着至关重要的作用。

1.入侵检测系统

在复杂网络环境下，越来越多的入侵及攻击是通过跨越多个终端或工作站协同发生的，因此在这种情况下，单一的入侵检测则往往显得束手无策。基于入侵容忍的入侵检测系统的提出，克服了以往的入侵检测系统对无法有效识别分布式协同攻击，以及在入侵后无法提供恢复系统线索的弊端，通过将入侵容忍及入侵检测的有效结合，能及时地预测、发现复杂攻击，并在容忍攻击的情况下，保证系统能最低限度地提供关键性服务，边服务边修复系统。DBSL入侵检测系统是目前研究的热点，该系统框架通过将机器学习、贝叶斯网络、入侵检测与入侵容忍有机结合，建立了一个全局的贝叶斯网络，利用删除概率较低路径的思想，提高入侵检测效率，降低误报率、漏报率，进而降低系统全面崩溃的概率。

2.Web服务器系统

在开放性网络中，由于没有绝对安全的办法能为Web服务器建立一个安全的屏障，因此将入侵容忍应用于 Web 服务器系统中，可极大地提升服务器在开放性网络中的可靠性和可用性，其中著名的系统框架为SITAR。

3.CA认证

CA（认证机构）认证主要应用于电子政务、电子商务之间信任关系的建立，以及信息的安全传输。保证CA私钥安全是CA安全的核心，如果攻击者入侵了CA，则很有可能获得CA私钥，因此需要保证即使一台或多台CA设备遭到攻击或无法正常工作，公钥基础设施（Public Key Infrastructure, PKI）仍能正常工作，各电子政务、电子商务之间的信任关系不会被轻易破坏，所传输的重要敏感数据不会轻易被劫持、篡改等。

4.网络取证系统

网络取证技术作为一个新兴的交叉学科，密切关系着人们在网络生活方式下的权益和利益。目前的大部分网络取证技术都是以取证系统的可靠性为前提的，而当网络状态

可信度无法保证时，人们所获得的各种证据可信度也随之大大降低。最早用于取证的是IDS技术，融合了入侵容忍技术的系统，能在很大程度上保证系统的可靠性。因为入侵容忍的设计思想就是假定在系统中存在一定数量的不可靠结点。

INFS是一种基于入侵容忍的网络取证系统，INFS结合了入侵容忍系统SITAR框架和Agent技术，利用系统错误检测、冗余资源和投票算法等方法，在很大程度上提高了被取证系统的可用性、可靠性和可信任性，而且根据不同的系统状态，可获取不同程度的证据，根据这些不同的状态，可以定位犯罪的性质和严重程度。因此，将入侵容忍应用于网络取证技术中，对电子法庭的实现与发展都具有深远的意义。

5.数据库

入侵容忍在数据库中的应用主要是针对事务级数据库。一般采用的方法是在控制阶段增加更新日志目录，采用过量控制，并将解控阶段分三个步骤完成：第一，系统解除控制那些实际没有受到破坏的对象；第二，取消恶意事件的操作；第三，修复受破坏对象。

6.文件系统

利用客户端硬盘剩余空间重复存储网络中的文件，并通过加密技术将文件加密，分布地存储到网络其他客户端的硬盘中。用户在使用该文件时，系统便会自动寻找该文件并进行组装。此方法可确保当系统中有少数客户端的硬盘数据受损时，通过相关的分布算法，能恢复局部结点的数据，不至于对系统数据的可用性造成严重威胁。

7.卫星星载

卫星星载测试方面，已经完成了卫星星载计算机软件单粒子反转容错能力的测试仪及测试；卫星星载系统开发方面，开发了基于相应系统的星载的计算机实时、容错分布式系统软件。一方面能保证缩短卫星设计周期，进而降低卫星设计成本；另一方面保证了在不增加硬件的条件下，能实施恢复正常状态。随着入侵容忍研究的不断深入，科学技术部也正在进行高端容错计算机项目的研究，用于开发承担关键商用高端容错计算机系统（如银行的储蓄业务系统、汇兑结算系统、银联信用卡交易结算系统，证券的交易系统和报价系统，电信领域的通信网网管系统等）。

（二）入侵容忍存在的问题

虽然入侵容忍已经发展成为一个成熟的方向，得到了国内外网络安全业界人士的普遍的认可和关注，但在理论和技术方面仍然存在一些问题，尚未达到入侵容忍所期待的程度。

1.密码学

目前普遍采用状态机复制结合自适应更新的方法，该方法主要是通过检测系统正常状态是否发生改变以达到对系统进行感知的目的。但在很多情况下，在系统状态尚未发生改变时，入侵或攻击已经发生了，这就很有可能导致某些关键性的子系统已经无法正常工作。而且目前的自适应入侵容忍系统仅限于门限密码、共享密码方案，对如何配置系统和参数的动态调整等问题，都有待于进一步的深入研究。

2.策略模型

目前入侵容忍普遍采用拜占庭容忍模型来定位当前系统所能容忍的错误数量，但拜占庭容忍模型本身并没有考虑系统的保密性，并且在容错与容侵领域的度量标准是不同的。

3.可信检测器

作为一个群组，保证入侵容忍系统各组件之间的可靠通信非常必要。可信检测器能保证每个部件的可信任性，即该组件没有被入侵或出现故障。因此，整个入侵检测系统对可信检测器的依赖程度非常高，如果触发可疑事件过早，可能将过多正常的组件误报为可疑组件；如果在确定了入侵后触发可疑事件，又会造成入侵的扩散。因此，对可信检测器的设计也是入侵容忍亟待解决的一个重要问题。

（三）入侵容忍的前景展望

经过短短十几年的发展，入侵容忍已取得了一些显著的成果。但随着黑客入侵手段、计算机软硬件、互联网络及安全技术的不断发展，人们对入侵容忍在各个领域的发展及应用也有了更高的要求。

1.航天事业

在恶劣的空间环境中，卫星对系统的可靠性要求非常高。单纯采用冗余，会导致卫星体积、质量和功耗的增加。因此，找到一种既可缩短开发周期又能节省开发成本的容错算法非常必要。

2.电子商务

目前，电子商务在我国取得了巨大的发展，一大批电子商务网站的运营模式成功地深入我国各大中小企业，并将继续引领中小型企业冲出国际环境下的各种困境。目前的网络攻击都致力于使特定的应用程序无法工作，大多数系统都有一个主要的程序以保护系统软硬件、网络、操作系统等基础设施。将入侵容忍技术应用于电子商务中，可以一改以往的通过访问控制保证系统信息安全的概念，增强系统的安全性和可用性。在发生网络攻击、系统故障的情况下，应用程序仍然可以在有限时间内提供最低限度的服务。

3.高端服务器

目前，国内高端容错服务器市场基本上都被国外垄断，在付出高昂成本及运营附加费用的同时，银行、汇兑结算系统、证券交易系统等涉及国家信息安全的领域如果长期由国外垄断，一旦这些敏感信息泄漏，将对国家造成重大损失。因此，开发具有自主知识产权的容错高端服务器具有重大意义。

4.高端电子取证

随着网络的不断发展，作为新兴的犯罪手段，网络犯罪已经不容忽视。电子取证就是在刑事诉讼中针对网络犯罪进行调查、收集、提取证据的过程。将电子取证技术与入侵容忍技术相结合，构建一个具有容忍入侵的取证系统，根据系统的不同状态进行取证，可大大减少证据的存储量。

5.云计算

云计算与网格计算不同，网格强调的是连接，而云计算对计算资源中心的控制能力要比网格计算强得多，还可以实现对资源的动态分配和动态切割功能。但今天的云计算还没有充分被用户认可，主要是因为现有的产品和服务仍然存在不稳定和不可信等问题。因此，将入侵容忍理念应用到云计算的未来发展中，完善云计算，提高云计算系统的可靠性和安全性，势在必行。

入侵容忍技术虽然是一门新兴的安全领域技术，但已经成为网络安全整体机构框架中一个不可缺少的重要组成部分，作为信息安全领域的最后一道防线，可在系统发生错误、故障或受到攻击时，在有限的时间内保证系统提供最低限度的服务。将入侵容忍技术与多种安全技术相结合，可有效地预防或阻止入侵，进而减少系统瘫痪带来的损失，因此发展前景非常广阔。

第三章　网络安全态势感知体系框架和技术

态势感知这一概念源于航天飞行的人因研究，此后在军事战场、核反应控制、空中交通管制（Air Traffic Control, ATC）以及医疗应急调度等领域被广泛应用。态势感知之所以成为一项热门研究课题，是因为在动态复杂的环境中，决策者需要借助态势感知工具显示当前环境的连续变化状况，只有这样才能准确地作出决策。近年来，态势感知也被用于网络安全的研究领域，称为网络安全态势感知（Network Security Situation Awareness, NSSA）。

第一节　网络态势感知的概念模型

一、网络安全态势的提取与预测

（一）网络安全态势的提取

目前网络的安全态势要素主要包括静态的配置信息、动态的运行信息以及网络的流量信息等。其中，静态的配置信息包括网络的拓扑信息、脆弱性信息和状态信息等基本的环境配置信息；动态的运行信息包括从各种防护措施的日志采集和分析技术获取的威胁信息等基本的运行信息。

准确、全面地提取网络中的安全态势要素是网络安全态势感知研究的基础。然而，由于网络已经发展成一个庞大的非线性复杂系统，具有很强的灵活性，所以网络安全态势要素的提取存在很大难度。

国外的学者一般通过提取某种角度的态势要素来评估网络的安全态势。国内的学者一般综合考虑网络各方面的信息，从多个角度分层次描述网络的安全态势。网络安全态势要素的提取存在以下问题：

第一，缺乏指标体系有效性的验证，无法验证指标体系是否涵盖了网络安全的所有方面。

第二，虽然力图获取全面的信息，但没有充分考虑指标体系中各因素之间的关联性，导致信息的融合处理存在很大难度。

第三，从某种单一的角度采集信息，无法获取全面的信息。

（二）网络安全态势的预测

网络安全态势的预测是指根据网络安全态势的历史信息和当前状态对网络未来一段时间的发展趋势进行预测。网络安全态势的预测是态势感知的一个基本目标。神经网络是目前最常用的网络态势预测方法，该算法首先以一些输入输出数据作为训练样本，通过网络的自学习能力调整权值，构建态势预测模型；然后运用模型，实现从输入状态到输出状态空间的非线性映射。

由于网络攻击的随机性和不确定性，使得以此为基础的安全态势变为一个复杂的非线性过程，限制了传统预测模型的使用。目前网络安全态势预测一般采用神经网络、时间序列预测法和支持向量机等方法。神经网络具有自学习、自适应性和非线性处理的优点。另外，神经网络内部神经元之间复杂的连接和可变的连接权值矩阵，使得模型运算中存在高度的冗余。因此，网络具有良好的容错性和稳健性。但是神经网络存在以下问题：难以提供可信的解释、训练时间长、过度拟合或者训练不足等。

时间序列预测法是通过时间序列的历史数据揭示态势随时间变化的规律，将这种规律延伸到未来，从而对态势的未来作出预测。时间序列预测法实际应用比较方便，可操作性较好。但是，要想建立精度相当高的时序模型不仅要求模型参数的最佳估计，而且模型阶数也要合适，建模过程是相当复杂的。支持向量机是一种基于统计学习理论的模式识别方法，基本原理是通过一个非线性映射将输入空间向量映射到一个高维特征空间，并在此空间上进行线性回归，从而将低维特征空间的非线性回归问题转换为高维特征空间的线性回归问题来解决。

目前，对于网络安全态势感知的研究还处于初步阶段，许多问题有待进一步解决，未来的研究方向主要有以下三个方面：

第一，准确而高效的融合算法研究。基于网络攻击行为分布性的特点，而且不同的网络节点采用不同的安全设备，使得采用单一的数据融合方法监控整个网络的安全态势存在很大的难度。一方面，应该结合网络态势感知多源数据融合的特点，对具体问题进行具体分析，有针对性地对目前已经存在的各种数据融合方法进行改进和优化。在保证准确性的前提下，提高算法的性能，尽量降低额外的网络负载，同时提高系统的容错能力。另一方面可以结合各种算法的利弊综合利用，提高态势预测的准确率。

第二，网络安全态势的形式化描述。网络安全态势的描述是态势感知的基础。网络是一个庞大的非线性的复杂系统，复杂系统描述本身就是难点。在未来的研究中，需要具体分析安全态势要素及其关联性，借鉴已有的成熟的系统表示方法，对网络安全态势建立形式化的描述。其中，源于哲学概念的本体论方法是重要的研究方向。本体论强调领域中的本质概念，同时强调这些本质概念之间的关联，能够将领域中的各种概念及概念之间的关系形式化地表达出来，从而表达出概念中包含的语义，增强对复杂系统的表示能力。但其理论体系庞大、使用复杂，将其应用于网络安全态势的形式化描述需要进一步深入的研究。

第三，预测算法的研究。网络攻击的随机性和不确定性决定了安全态势的变化是一个复杂的非线性过程。利用简单的统计数据预测非线性过程随时间变化的趋势存在很大的误差。比如，时间序列分析法，根据系统对象随时间变化的历史信息对网络的发展趋势进行定量预测已不能满足网络安全态势预测的需求，未来的研究应建立在基于因果关系的分析之上。通过分析网络系统中各因素之间存在的某种前因后果关系，找出影响某种结果的几个因素，然后利用几个因素的变化预测整个网络安全态势的变化。基于因果关系的研究模型的建立存在很大的难度，需要进一步深入的研究。此外，模式识别的研究已经比较广泛，它为态势预测算法奠定了理论基础，可以结合模式识别的理论，将其很好地应用于态势预测中。

二、网络安全态势的理解

网络安全态势评估摒弃了研究单一的安全事件，而是从宏观角度去考虑网络整体的安全状态，以期获得网络安全的综合评估，从而达到辅助决策的目的。网络安全态势的理解是指在获取海量网络安全数据信息的基础上，通过解析信息之间的关联性，对其进行融合，获取宏观的网络安全态势。笔者将该过程称为态势评估，而数据融合是网络安全态势评估的核心。目前应用于网络安全态势评估的数据融合算法，大致分为以下几类：基于逻辑关系的融合方法、基于数学模型的融合方法、基于概率统计的融合方法，以及基于规则推理的融合方法。

（一）基于逻辑关系的融合方法

基于逻辑关系的融合方法依据信息之间的内在逻辑，对信息进行融合。警报关联是典型的基于逻辑关系的融合方法。警报关联是指基于警报信息之间的逻辑关系对其进行融合，从而获取宏观的攻击态势。警报之间的逻辑关系分为：警报属性特征的相似性、预定义攻击模型的关联性、攻击的前提和后继条件之间的相关性。

（二）基于数学模型的融合方法

加权平均法是最常用、最简单的基于数学模型的融合方法。加权平均法的融合函数通常由态势因素及其重要性权值共同确定。加权平均法可以直观地融合各种态势因素，但是其存在的主要问题是权值的选择没有统一的标准，大都是依据领域知识或者经验而定，缺少客观的依据。

基于逻辑关系的融合方法和基于数学模型的融合方法的前提是确定的数据源，但是当前网络安全设备提供的信息，在一定程度上是不完整、不精确的，甚至是存在矛盾的，包含大量的不确定性信息，而态势评估必须借助这些信息来进行推理，因此直接基于数据源的融合方法具有一定的局限性。对于不确定性信息，最好的解决办法是利用对象的统计特性和概率模型进行操作。

（三）基于概率统计的融合方法

基于概率统计的融合方法，充分利用先验知识的统计特性，结合信息的不确定性，建立态势评估的模型，然后通过模型评估网络安全态势。基于概率统计的融合方法能够融合最新的证据信息和先验知识，而且推理过程清晰、易于理解。但是该方法存在以下局限性：

第一，统计模型的建立需要依赖一个较大的数据源，但在实际工作中会占有很大的工作量，且模型需要的存储量和匹配计算的运算量相对较大，容易造成维数爆炸的问题，从而影响态势评估的实时性。

第二，特征提取、模型构建和先验知识的获取都存在一定的困难。

（四）基于规则推理的融合方法

基于规则推理的融合方法，不需要精确了解概率分布，当先验概率很难获得时，该方法更为有效。但是缺点是计算复杂度高，而且当证据出现冲突时，方法的准确性会受到严重的影响。基于规则推理的融合方法，首先模糊量化多源多属性信息的不确定性，然后利用规则进行逻辑推理，从而实现网络安全态势的评估。

在网络态势评估中，首先建立证据和命题之间的逻辑关系，即态势因素到态势状态的汇聚方式，确定基本概率分配；然后根据相关证据，即每一则事件发生的上报信息，使用证据合成规则进行证据合成，得到新的基本概率分配，并把合成后的结果送到决策逻辑进行判断，将具有最大置信度的命题作为备选命题。当不断有事件发生时，这个过程便得以继续，直到备选命题的置信度超过一定的阈值，证据达到要求时，即认为该命题成立，态势呈现某种状态。

模糊逻辑提供了一种处理人类认知不确定性的数学方法，对于模型未知或不能确定的描述系统，应用模糊集合和模糊规则进行推理，实行模糊综合判断。

在网络态势评估中，首先对单源数据进行局部评估，然后选取相应的模型参数，对局部评估结果建立隶属度函数，将其划分到相应的模糊集合，实现具体值的模糊化，将结果进行量化。量化后，如果某个状态属性值超过了预先设定的阈值，则将局部评估结果作为因果推理的输入，通过模糊规则推理对态势进行分类识别，从而完成对当前态势的评估。

第二节　网络安全态势感知的体系框架

一、网络安全态势感知系统模型

网络态势感知系统通常是融合防火墙、防病毒软件、入侵监测系统、安全审计系统等安全措施的数据信息，对整个网络的当前状况进行有效评估，对未来的变化趋势进行预测。通过深入分析国内外相关研究，可以建立网络安全态势感知概念模型，如图 3-1 所示，该模型将安全态势感知分为四层：特征提取、安全评估、态势感知、预警。特征提取是态势感知的前提，该层主要采用已有成熟技术从海量数据信息中提取网络安全态势信息。安全评估是态势感知的核心，通过漏洞扫描、安全审计等获得安全信息后，同时和已有的网络安全机制相结合，对已安装的入侵检测系统、防火墙、漏洞扫描等系统的日志数据库数据进行分析，之后提取数据，并采用合适的安全评估模型，对网络的威胁和脆弱性进行评估。安全评估将信息反映到态势感知层，态势感知层通过识别信息中的安全事件，确定它们之间的关联关系，并依据所受到的威胁程度生成相应的安全态势图，以反映整个网络的安全态势状况。态势预警要求不但能对即将发生的安全事件提前告知，给出应急的处理措施，而且能够依据历史网络安全态势信息和当前网络安全态势信息预测未来网络安全趋势，促使决策者能够据此掌握更高层的网络安全状态趋势，为未来的安全管理制定合理的决策提供依据。

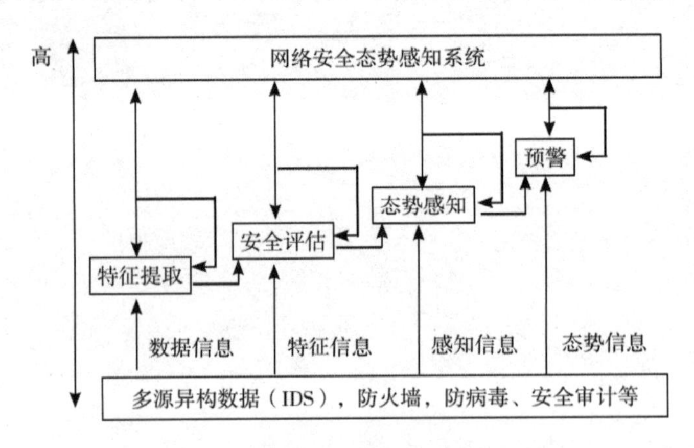

图 3-1　网络安全态势感知概念模型

通过对四层概念模型的分析，可设计如图 3-2 所示的网络安全态势感知系统体系结构。网络安全态势感知系统由数据源集成平台、拓扑发现、安全拓扑生成、特征提取、安全评估、态势感知、预警、态势可视化等模块构成。

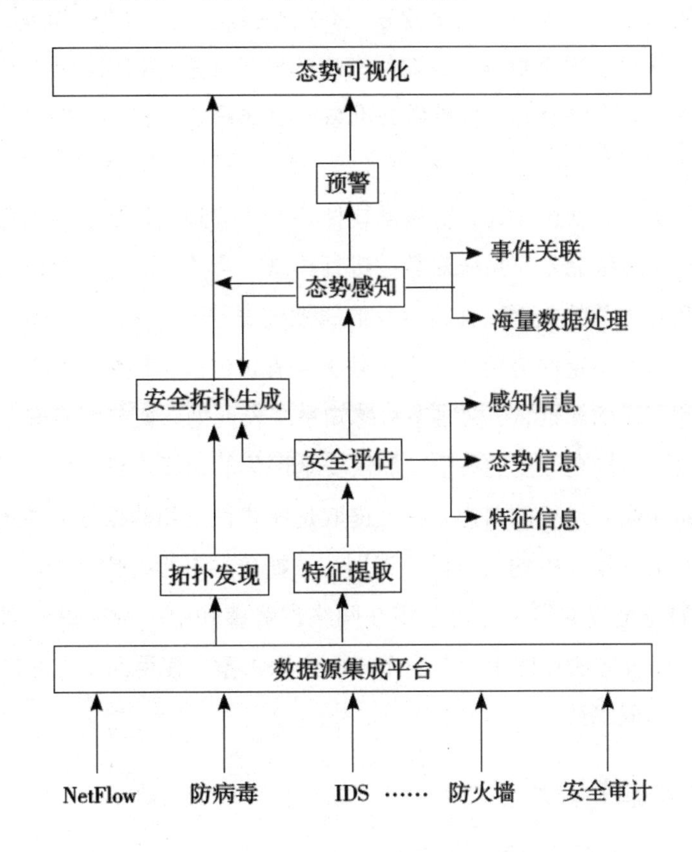

图 3-2　网络安全态势感知系统体系结构图

二、关键模块分析

在网络安全态势感知系统中，特征提取、安全评估、态势感知、预警是四个核心模块，分别代表四个不同的阶段。在这些模块中，数据挖掘、模式识别、人工神经网络、机器学习等人工技术被广泛运用。

（一）数据预处理和特征提取

网络安全态势感知系统首先从防火墙、安全审计、防病毒软件中获取大量的日志数据，由于这些数据中存在大量的冗余信息，不能直接用于安全评估和预测。数据预处理和特征提取技术从这些大量数据中提取最有用的信息并进行相应的预处理工作，从而为接下来的安全评估、态势感知、预警做好准备。数据预处理和特征提取处于网络安全态势感知系统的底层。

当系统从防火墙、安全审计、防病毒软件等中获取到大量日志数据后，首先需对数据格式进行统一，并依靠专家系统对数据进行约减、合并，同时直观地从大量数据中排除与安全态势感知无关的数据，并将重复的属性数据进行合并。

特征提取能够为特定的应用在不失去数据原有价值的基础上选择最小的属性子集，去除不相关的和冗余的属性，在网络态势感知系统表现为选取与网络安全联系最紧密的属性。特征提取还将提高数据的质量，加快安全评估的速度。数据预处理和特征提取是网络态势感知系统高效运行的前提。特征提取是模式识别和数据挖掘的重要环节，网络态势感知系统的很多模块中均采用模式识别和数据挖掘进行数据处理，一些用于模式识别和数据挖掘的特征提取算法也可应用在网络态势感知中。特征提取算法可从搜索方向、搜索策略、评价方法和停止标准四个方面全面考察，使用四个方面的不同组合可以得到不同的特征提取算法。

（二）态势感知模块

态势可视化是本模块的一个重要组成部分。由于目前网络规模巨大、结构复杂，网络数据还存在实时可变的特征，所以网络态势的可视化是实现网络态势感知系统的难点。基于主机的数据显示和基于网络的数据显示是态势可视化的两大方面，可视化的结果既要反映区域内主机网络安全威胁等级，也要从宏观上对整个网络的安全态势进行描绘。可视化还需考虑人机交互的可操作性。基于多数据源、多视图的可视化系统才能满足态势可视化要求。在获得网络区域各层次的评估结果后，在态势感知模块，要将这些结果进行关联综合，综合考虑整个网络攻击危害程度、区域安全防护能力，并将结果以图形可视化形式直观地提供给用户。态势感知模块从各安全评估模块中获取的数据很多，这些数据特征属性大致相同。在进行事件关联前，需要采用特征提取等海量数据的处理技术对数据特征进行优化。海量数据的处理技术必须充分考虑实时处理能力，从而提高态势感知计算的效率和态势可视化的实时性。主成分分析方法、粗糙集理论等可用于数据的特征提取。

事件关联是该模块的核心。当网络分为局域网（Local Area Network, LAN）、主机、服务、攻击/漏洞四个层次对网络系统的安全状况进行评估时，各安全评估系统之间是孤立、无联系的。由于来自不同地域、不同来源的网络攻击、网络技术数据具有不确定性、不完整性、模糊性和多变性等特点，通过采用事件聚类和融合，减少区域安全评估系统提交给态势感知系统的安全数据，有利于网络态势感知状况的分析。将模糊神经网络的方法引入态势感知模块，进行有关规则的推理，可以得到合理的判断。事件关联技术还可以采用决策树、贝叶斯网络等。

（三）安全预警技术

预警技术也是网络安全态势感知系统的重要组成部分。预警及在安全事件发生前通知网络管理者，并给出安全事件发生时的应急处理方案。系统中的应急方案主要依靠专家系统给出。网络安全解决方案要求除了能够检测已知的安全威胁，还能对未知和将来可预测的威胁进行有效的管理，即拥有主动防护的能力，为网络管理员制定决策和防御措施提供依据，做到防患于未然。现有的大多数网络安全解决方案在威胁预测上还存在缺陷，只能对已发生过的威胁进行预测，网络态势感知系统应提供对网络威胁进行预测的功能，找出时间序列观测值中的变化规律与趋势，然后通过对这些规律或趋势的外推来确定未来的预测值。

隐马尔科夫模型（Hidden Markov Model, HMM）是一种采用双重随机过程的统计模型，可用于事件序列预测上。HMM 内含一个不可见的（隐藏的）从属随机过程，此从属随机过程只能通过另一套产生观察序列的随机过程观察得到。预警的结果最终也要以图形可视化的形式提供给网络管理人员。随着时间的变化，预警结果在网络态势图上进行显示。因此，为了保障网络信息安全，开展大规模网络态势感知是十分必要的。网络态势感知对提高我国网络系统的应急响应能力、缓解网络攻击所造成的危害、发现潜在恶意的入侵行为、提高系统的反击能力等具有十分重要的意义。国内目前对态势感知系统的研究才刚刚起步，相关理论和技术还不成熟。在网络态势感知中，诸如海量网络数据的实时处理、数据融合、态势评估、威胁评估、态势可视化等方面均有许多问题需要研究。

（四）安全评估算法

在安全评估中，将对网络系统的安全状况进行综合评估。每个层次的安全状况，都可以分解为其下层各个节点的安全状况的“和”，从而将下层的各个孤立点结合起来，形成对上层节点的安全状况的综合评估结果。与威胁有关的信息可以通过IDS取样、模拟入侵测试、人工评估、策略及文档分析、安全审计等获得。这些信息记录了过去一段时间内网络系统的安全状况。选定一个时间段内的与威胁有关的信息为原始数据，结合攻击效果，发现各个主机系统所提供服务存在的漏洞情况，评估各项服务的安全状况。各层次的安全性评价均采用风险指数描述，指数越高，风险越大。由于获取数据量大，必须借助人工智能神经网络的方法对数据进行综合分析处理，并以图形方式显示分析结果，给出评估报告。

网络安全评估系统根据已知的安全漏洞集合，对本辖区网络系统进行全面测试，并对测试结果进行分析，从而对该系统作出总体评价，最后对该系统存在的漏洞提出应急方案。网络安全评估可分为漏洞扫描、评估模型、威胁评估三个部分。其中，漏洞扫描包括漏洞信息的收集、漏洞的扫描以及漏洞结果评估。通过对网络所提供的服务进行漏洞扫描得到结果，分析此服务的风险状况，得到不同服务的风险值。安全漏洞的存在是导致安全风险的内部因素，应从不同角度进行安全漏洞的确定和赋值。

人工神经网络也有助于提高网络态势感知系统的自学习和自适应能力，决策树、模糊 Petri 网等方法也可用于网络的安全性能评估。国内外现有的风险评估方法很多，大部分学者认为，其可以分为四大类：定量的风险评估方法、定性的风险评估方法、定性与定量相结合的集成评估方法、基于模型的评估方法。其中，基于模型的评估方法虽然能对整个计算机网络进行有效的安全性评估，但在基于模型的评估方法中，规则的抽取过于复杂，因此这种评估方法不能从不同层次对网络安全状态进行评估。单纯地采用定性评估方法或者单纯地采用定量评估方法都不能完整地描述整个评估过程，定性和定量相结合的风险评估方法克服了两者的缺陷，是一种较好的方法。贝叶斯网络作为一种描述不确定信息的专家系统，在构造风险评估模型时，能够综合最新的证据信息和先验信息，评估结果不仅反映了当前的信息，而且综合了历史和先验知识，是一种较好的办法。人工神经网络也能有效地运用于风险评估中。

第三节　核心概念的形式化描述

一、网络安全态势的核心概念

网络态势感知源于空中交通监管态势感知，是一个比较新的概念，并且在这方面开展研究的个人和机构也相对较少。1999 年，蒂姆·巴斯（Tim Bass）首次提出了网络态势感知这个概念，并对网络态势感知与 ATC 态势感知进行了类比，旨在把 ATC 态势感知的成熟理论和技术借鉴到网络态势感知中去。目前，对网络态势感知还未能给出统一的、全面的定义。所谓网络态势，是指由各种网络设备运行状况、网络行为以及用户行为等因素所构成的整个网络的当前状态和变化趋势。值得注意的是，态势是一种状态、一种趋势，是一个整体和全局的概念，任何单一的情况或状态都不能称为态势。网络态势感知是指在大规模网络环境中，对能够引起网络态势发生变化的安全要素进行获取、理解、显示，以及预测未来的发展趋势。

（一）网络安全态势感知

网络安全态势感知定义为应用数据融合的方法，将来自不同安全检测工具的报警信息进行融合，分析当前网络所遭受的攻击状态，并根据当前的状态预测下一步网络将遭受的攻击行为，从而提早进行响应，阻止进一步攻击行为的发生。

NSSA 与现有的 IDS 之间有区别也有联系，两者的区别主要体现在：

第一，系统功能不同。IDS 可以检测出网络中存在的攻击行为，保障网络和主机的信息安全。而 NSSA 的功能是给网络管理员显示当前网络态势状况以及提交统计分析数据，为保障网络服务的正常运行提供决策依据，其中既包括对攻击行为的检测，也包括为提高网络性能而进行的维护。

第二，数据来源不同。IDS 通过预先安装在网络中的 Agent 获取分析数据，然后进行融合分析，发现网络中的攻击行为。NSSA 采用了数据融合的思想，融合现有 IDS、VDS（Virus Detection System）、Firewall、Netflow（内嵌在交换机和路由器中的流量采集器）等工具提供的数据信息，进行态势分析与显示。

第三，处理能力不同。网络带宽的增长速度已经超过了计算能力提高的速度，尤其对于 IDS 而言，高速网络中的攻击行为检测仍然是有待解决的难点问题。NSSA 充分利用多种数据采集设备，提高了数据源的完备性，同时通过多维视图显示，融入人的视觉处理能力，降低了系统的计算复杂度，提高了计算处理能力。

第四，检测效率不同。IDS 不仅误报率和漏报率高，而且无法检测出未知攻击和潜在的恶意网络行为。NSSA 通过对多源异构数据的融合处理，提供动态的网络安全态势状况显示，为管理员分析网络攻击行为提供了有效依据。

当然，NSSA 与 IDS 也存在一定的联系，其中 IDS 便可作为 NSSA 的数据源之一，为其提供所需数据信息。

（二）信息融合

信息融合，就是一种多层次、多方面的处理过程，包括对多源数据进行检测、组合和估计，从而提高状态和身份估计的精度，以及对战场态势和威胁的重要程度进行适时完整的评价。从该定义可以看出，信息融合是在几个层次上完成对多源信息处理的过程，其中每一个层次都反映了对原始观测数据不同级别的抽象。

多源信息融合又称为多传感信息融合，是 20 世纪 70 年代提出来的，军事应用是该技术诞生的源泉。事实上，人类和自然界中其他动物对客观事物的认知过程，就是对多源信息的融合过程。人们希望用机器来模仿这种由感知到认知的过程，于是产生了新的边缘学科——多源信息融合。由于早期的融合方法研究是针对数据处理的，所以有时也把信息融合称为数据融合。这里所讲的传感器也是广义的，不仅包括物理意义上的各种传感器系统，同时也包括与观测环境匹配的各种信息获取系统，甚至还包括人和动物的感知系统。目前被大多数研究者接受的有关信息融合的定义，是由 JDL（美国三军组织实验室理事联合会）提出来的，JDL 从军事应用的角度给出信息融合的定义。在认知过程中，人或动物首先通过视觉、听觉、触觉、嗅觉和味觉等多种感官对客观事物实施多种类、多方位的感知，从而获得大量互补和冗余的信息；然后由大脑依据某种未知的规则对这些感知信息进行组合和处理，从而得到对客观对象统一与和谐的理解和认识。

关于数据融合的功能模型历史上曾出现过不同的观点，正为越来越多的实际系统所采用。构建数据融合模型的目的是促进系统管理人员、理论研究者、设计人员、评估人员更好地沟通和理解，从而保证整个系统的设计、开发和实践过程得以高效顺利地进行。

第一级处理的是目标评估问题，主要功能包括：数据配准、数据关联、目标位置和运动学参数估计以及属性参数估计、身份估计等，其结果为更高级别的融合过程提供辅助决策信息。

第二级处理的是态势评估问题，是对整个态势的抽象和评定。其中，态势抽象就是根据不完整的数据集构造一个综合的态势表示，从而产生实体之间相互联系的解释。而态势评定则关系到对产生观测数据和事件态势的表示和理解。态势评定的输入包括事件检测、状态估计以及态势评定所生成的一组假设等。态势评定的输出在理论上是所考虑的各种假设的条件概率。

第三级处理的是影响评估问题，它将当前态势映射到未来，对参与者设想或预测行为的影响进行评估。

第四级处理的是过程评估问题，它是一个更高级的处理阶段。通过一定的优化指标，对整个融合过程进行实时监控与评价，从而实现多传感器自适应信息获取和处理以及资源的最优分配，并以支持特定的任务目标，提高整个实时系统的性能。按照融合系统中数据抽象的层次，融合可分为三个级别：数据级融合、特征级融合以及决策级融合。

1. 数据级融合

数据级融合是最低层次的融合，直接对传感器的观测数据进行融合处理，然后基于融合的结果进行特征提取和判断决策。这种融合处理方法的主要优点是：只存在较少数据量的损失，并能提供其他融合层次所不能提供的细微信息，所以精度较高。缺点有：它所要处理的传感器数据量巨大，故处理代价高，处理时间长；传感器信息的不确定性、不完全性和不稳定性要求融合时有较高的纠错处理能力；要求传感器是同类的，即提供对同一观测对象的同类观测数据。这一级别的数据融合多用于多源图像复合、图像分析和理解以及同类雷达波形的直接合成等。

2. 特征级融合

特征级融合属于中间层次的融合，先由每个传感器抽象出自己的特征向量（可以是目标的边缘、方向和速度等信息），融合中心完成的是特征向量的融合处理。一般来说，提取的特征信息应是数据信息的充分表示量或充分统计量，其优点在于可以实现可观的数据压缩，降低对通信带宽的要求，从而有利于实时处理，但由于损失了一部分有用信息，使得融合性能有所降低。

3. 决策级融合

决策级融合必须从具体决策问题的需求出发，充分利用数据级融合和特征级融合所获取的各类观测对象的各种信息及所处的状态，采用适当的融合技术来实现上述决策融合，特别是态势分析和威胁评估。决策级融合是一种高层次的融合，先由每个传感器基于自己的数据作出决策，然后在融合中心完成的是局部决策的融合处理。决策级融合是三级融合的最终结果，是直接针对具体决策目标的，因此融合结果直接影响决策水平。这种处理方法数据损失量大，因而相对来说精度最低，但其具有通信量小、抗干扰能力强、对传感器依赖小、不要求是同质传感器、融合中心处理代价低等优点。一般而言，决策级信息融合主要包括态势评估、威胁估计和决策制定三个过程。其中，态势评估既是决策级融合的第一步，又是决策制定的关键一步。决策者绝大多数时候基于态势评估作出决策，进而得到准确、及时的态势评估结果，即态势报告，这对最后的决策制定具有重要意义。

二、网络可生存性

决策级融合过程信息系统被广泛地应用于军用和民用的重要基础设施，如银行、金融、空中交通管制、战场等。在许多情况下，这些基础设施所提供的服务依赖于这些系统的正确操作，而对这些系统的损坏将会导致某些服务的不可用。信息系统的生存性作为一个新兴的研究方向，是建立在一些相关的研究领域，如安全、容错、可靠性、重用、性能、验证、测试等的基础之上，又加入新的内容和方法发展而来的，主要研究在发生意外、攻击和故障时，能及时恢复到预先定义的服务水平的能力。

（一）可生存性的定义

可生存性规范是一个六元组，分别表示系统服务的规范集、服务集所对应的服务价值因素、可达环境的状态、服务规范所对应的可达环境状态的相关服务值、有效的服务变迁集和服务的概率。在通信系统中的可生存性是指一个系统、子系统、设备、步骤或程序提供一个定义好的称为实体的等级，在人为干扰发生中或发生之后继续运行。在软件工程中可生存性定义为即使系统的某些部分失去作用，基本的功能仍然可用的度。信息系统的可生存性定义为一个网络计算系统在攻击和故障发生时提供基本服务并及时恢复整个服务的能力。可生存性的定义越来越准确，但对一个设计者来说却不能确定一个详细的设计是否能满足用户的需求，而且不能提供一个准确的标准。至于采取什么样的机制，这些机制怎么实现并不是可生存性需要考虑的内容。比如，获得可生存性的一个可能机制就是故障容忍。网络的可生存性主要强调故障检测、防御攻击、从灾难中恢复并及时提供服务。

（二）可生存性与相关概念的联系及区别

可生存性与网络的可信赖性、故障容忍、风险评估、可用性、可靠性等既有联系又有区别。起初，可信赖性是在大规模复杂系统中出现的，故障容忍出现在计算机软件系统中，可靠性在硬件以及系统设计中使用，安全性用来描述敏感信息，而可生存性出现在军事系统中。

1. 可信赖性与可生存性

可信赖性是指在一定的条件下，系统在一定的时间区间内完成一定功能的能力，它不是由单一的属性来测量的，而是包括一些主要指标，如可靠性、可用性、可运行性、可维护性和可生存性等，甚至在某些情况下，可信赖性与可生存性等价。

2. 故障容忍与可生存性

可生存性与故障容忍不同，它比故障容忍的范围更广，必须最低限度地处理意外失效与恶意攻击，允许在系统中发生任意的故障，当然也要考虑对每一个故障分配不同的权重（如发生的概率、修复的费用等）。

3. 风险评估与可生存性

风险评估是指确定在计算机系统和网络中每一种资源缺失或遭到破坏对整个系统造成的预计损失数量。可生存性分析是对系统在遭受攻击、出现软硬件故障等突发情况时，对系统的基本服务的存活能力进行分析。

4. 可用性与可生存性

可用性是可以提供正确服务的能力，它是为可修复系统提出的，是可靠性和可维护性的综合描述。对于不可修复系统，可用性与可靠性相等。根据可用性与时间的关系，可用性可分为瞬时可用性、稳态可用性、固有可用性。

5. 可靠性与可生存性

可生存性可看成广义上的可靠性，可生存性强调的是系统在不同环境下能提供不同形式的服务，每个服务在不同条件下都有其自身的可靠性需求；而可靠性将整个系统作为单一服务来考虑，缺乏灵活性。此外，可靠性假设各个故障是相互独立的，而且它强调的是阻止这些故障的发生，而生存性允许故障的关联，强调故障发生后的恢复，研究即使面对故障，系统仍能保持继续服务的能力。

（三）可生存性的建模技术

根据可生存性的定义，我们无法判断一个系统是否具有可生存的能力，因此在许多文献中出现了对可生存性的量化评估方法。对可生存性的属性进行量化评估是困难的，并且具有挑战性，而这些属性要作为设计参数的话就必须进行量化。对系统可生存性进行定量分析，首先要从实际系统中抽取出有用信息，建立模型，然后对模型进行分析。

1. 基于系统结构的建模

对网络的物理结构进行建模是可生存性分析最早的建模技术。在模型中用节点表示实际网络中的服务器、客户机、路由器等，节点之间的连线表示实际网络中的物理链路。把实际网络中的各个物理部件全部映射到模型中，就会得到一个网络物理结构的抽象图。同时，还需把模型分析中需要用到的一些信息，如通信流量、节点容量等标注到模型中。这种建模方法直接和网络的物理结构相关，模型直观性强。但由于网络物理拓扑结构直接依赖于网络的路由技术、通信量管理等策略，因此分析技术比较复杂，需要对网络整个体系结构的设计有详细的了解。这种建模方法是一种静态、具体的建模方法，它直接来源于实际网络。

2. 基于状态的建模

网络中的每个节点和链路都可能受到入侵和发生故障，不同的入侵和故障对节点和链路造成的影响是不同的，这就使得系统可能处于多种不同的状态。比如，某个节点在受到攻击后只能实现原来的部分功能，那么现在的节点和原来可以实现全部功能时相比显然是处于不同的状态。基于状态的建模方法可以把系统中要研究的每个组件都建立一个状态转换图，然后把所有单个的状态图整合在一起，对系统的全局行为进行分析，或者直接描述出系统的整体状态变换。在可生存性分析中，入侵和故障的发生之间可能存在依赖关系，各个节点的不同状态之间可能存在联系。

3. 基于服务组件的建模

服务的观点是可生存性分析的基本观点。在面向服务的体系结构的可生存性分析中，系统被看作由实现特定服务的组件构成，这就需要确定系统提供的服务。这种建模形式从信息系统提供的服务出发，再将服务涉及的系统组件组织在一起，从而达到简化系统结构的目的，在数学上通常表现为一个类似树的结构。从用户的角度来讲，系统的可生存性主要从系统提供给用户服务的连续性、正确性等来衡量；从设计者的角度来看，主要看系统能否在受到攻击、出现故障或是意外事件发生时为用户提供基本服务；从攻击者的角度来看，破坏系统的可生存性就是使系统不能够正常提供某些基本服务，这就需要破坏系统相应的服务组件。从攻击者的角度对可生存性进行分析，可以实现对系统组件的脆弱性分析。攻击树和攻击图是目前描述攻击最常用的方法。有学者定义系统为一种以服务为中心的层次结构，认为可生存性分析是基于事件的分类分级来实现的，通过逐层计算系统的可抵抗性、可识别性和可恢复性来表示系统的可生存性。这种分析模型将系统的可生存性分析逐层分解，最终归结为对事件，而非对系统组件的分析，从而避免对复杂系统甚至无界网络系统组件的定义和分析。

（四）可生存性的分析方法

建立好系统的模型，接下来就需要对系统的可生存性进行度量与分析，对可生存性的量化分析主要有以下几个方法：

1. 函数分析方法

可生存性研究面临的威胁主要包括故障、攻击和意外事件。故障和意外事件的发生一般具有随机性，而人为的攻击事件的发生则是有预谋的。一般的系统可能发生故障，同时也可能受到一定的攻击，这样的系统适合用概率统计的方法计算生存性。有些系统虽然很重要，但不能掌握其具体受攻击的信息，因此也要用概率的方法进行分析。而有些系统关系到人的生命安危、国家安全等，具有很强的容错能力和容侵能力，一般是不会发生故障或被普通的攻击者攻击成功的，只有设计十分严密的攻击计划才可能成功。概率分析方法可能不太适合这样的系统，应该根据具体的情况采用相应的可生存性分析策略。

2. 图论分析方法

针对网络物理拓扑结构模型，人们把可生存性的计算转化到图论问题空间进行讨论，基本思想是找出图中那些使网络变得不连通、需要去除的节点或链路。图论分析方法面临着计算复杂的问题，可处理的网络规模相对较小。现在随着通信技术的发展和计算能力的提高，网络规模也越来越大，这种方法在大规模复杂的网络系统结构的评估中使用相对较少。

3. 模型检验分析方法

模型检验是形式化方法中的一种，用模型检验对系统的状态模型进行分析是一种较新的可生存性分析的方法，它可以实现模型的自动验证，因此得到了人们的普遍重视。模型检验分析的前提是建立系统的验证模型。模型检验工具可以验证出系统模型是否符合性质需求，并且能够给出所有反例。

第四节　网络安全态势感知技术

安全防护技术的发展已经历了三代，第一代安全防护技术（信息保护与隔离）的主要目的是防止入侵；第二代安全技术（信息保障技术）的主要目的是检测入侵，限制损伤；第三代安全技术（可生存性技术）强调系统在恶意环境下的生存性，即系统在遭受攻击、出现故障或发生意外事故时，依然能够及时完成其任务的能力。安全态势感知是第三代安全技术的代表之一。

一、网络安全态势感知技术的来源

当前网络空间成了主要的作战空间之一，安全态势感知成为网络战指挥控制的重要研究内容，其中对态势感知的要求包括：形成公共网络空间作战视图、攻击状态显示以及脆弱性状态显示等。近年来，国外针对网络安全及网络对抗中指挥控制的需求，结合安全技术的发展，设立了许多与安全态势感知相关的研究项目。20 世纪 80 年代末，由于现代飞行座舱中可获得大量的传感器信息，关于飞行员如何对飞行中同时发生的复杂、动态事件形成认识，以及这些信息如何用来指导将来的行动的问题引起了研究人员的兴趣，“态势感知”一词用来描述飞行员对当前态势形成头脑模型的注意、感知、决策过程，并在人因学领域得到广泛的研究。多年以来，在指挥控制领域，信息被看作指挥控制的“倍增器”，在所有和信息优势相关的讨论中都将态势感知作为其中重要的元素。这里的态势感知采取的形式包括：统一的作战视图、一致的战术图、单一的集成化空间图以及其他战场态势的表示。

二、网络安全态势感知关键技术的实现

网络安全态势感知的思路是在广域网环境内部署大量、多种安全传感器，这些传感器收集、监测目标的安全状态，通过采集这些传感器提供的信息，并加以分析、处理，明确所受攻击的形势，主要包括攻击的来源、规模、速度、危害性等，可以明确目前网络的安全状态，并通过可视化等手段显示给安全管理人员，从而支持安全管理人员对安全态势的了解和掌握，帮助其作出正确的响应。

安全态势感知过程可以抽象为一个针对目标对象进行数据处理的过程。建立安全态势数据模型是基础，然后在此基础上开展安全态势感知技术研究，解决安全态势传感器网络、安全态势分析与生成、安全态势的表示与可视化等关键问题。

（一）公共的安全态势信息模型

公共的安全态势信息模型是通过不同安全状态下网络资源的变化建立使命任务与安全状态的关系。因此，安全态势信息模型的高层元素将包括网络使命任务、网络资源的描述，以及网络资源与使命任务之间的依赖关系等。建立的安全态势感知信息模型可采用扩展标记语言进行结构化描述。

综合来看，关于信息系统安全状态究竟由哪些元素来反映，各元素的具体含义是什么，并没有标准定义。从各种不同的安全设备采集的安全数据、各种安全事件信息，到对安全事件信息进行处理后产生的对所识别攻击的描述以及安全状态评估的结果等，这些不同层次的信息共同构成了安全态势信息，是安全态势感知系统各部分处理、交换的公共基础，同样也是安全态势感知系统和其他安全相关系统（如应急响应系统）进行数据交换的基础。其中，从下向上看，正确获得多种传感器数据的关键是规范的安全事件格式和语义。解决这一问题的思路是在研究入侵检测消息交换格式和事件对象描述和转换格式等标准的基础上，定义规范的安全事件格式；然后参考公共信息模型，结合当前

安全研究中对安全事件、攻击描述的研究成果，对安全事件信息的语义进行定义，从而实现多源安全数据的规范化处理。从上向下看，安全管理员关心的是在当前的网络安全状态下如何实现使命任务，信息模型必须描述安全状态对使命任务的影响。

（二）安全态势分析与生成

安全态势的分析与生成是一个多层次的处理过程，主要包括：对网络中多源、多类型的安全数据进行正误判断、冗余消除；对相互关联的安全事件进行归并处理；对标准化安全事件进行数学计算和逻辑推理；对安全数据中的攻击特征进行提取和识别；对安全数据进行统计，并发现规律；对安全态势进行评估和预测。网络安全态势感知系统的数据源经历了从数据到信息再到知识三个逻辑抽象层次，从而形成了认知域的安全态势。

（三）安全传感器网络

安全传感器检测、收集安全相关的原始信息，是态势感知的信息来源。安全传感器包括部署的各种安全设备或软件、防火墙、入侵检测设备、扫描器、日志监控器等。对于大规模网络尤其是国家级网络，需要部署多种、大量传感器，这些传感器构成了传感器网络，形成了态势感知中的网络安全数据采集平台。在布局位置上，传感器需要部署在网络访问点、骨干节点、区域边界、主机、应用等处；在未来面向服务的信息系统中，需要部署在各种服务中，以获取全面的安全数据信息。在优先级策略方面，将考虑作战的优先级需求、使命任务的关键性过程和基础设施的优先级要求、高价值或特殊威胁环境的要求、关键设施、关键网络服务、投资回报等因素。各传感器将提供符合规范的安全事件信息，或者通过转换得到符合规范的安全事件信息，通过主动上报、查询等方法实现安全事件信息的快速采集。

（四）安全态势的表示与可视化

经过态势分析与生成阶段，获得的态势以抽象的数据形式存在。如何经过恰当的表示，促使安全管理员能够直观、正确地理解安全态势，辅助安全态势头脑模型的形成，需要对安全态势进行有效的表示。对此，可考虑利用人们的视觉处理能力，采取可视化手段，减少人们在认识全局或局部结构时所面临的认知上的负担，从而使安全管理员能够从众多数据中迅速、准确地作出分析和判断。在已有安全的研究中，可视化表示主要集中在统计图上。例如，发现了多少漏洞，各级别漏洞所占的比例，出现了多少告警信息等，可采用曲线、饼图等方式进行表示。但这些方式对全网安全状态的表示来说还不够，从全网安全的表示入手，我们可考虑如下可视化方式：

第一，态势评估曲线图。要想向安全管理员提供安全的整体状态概念，即目前我们的网络是否安全，就需要一个总体态势评估的数据表示，通过该表示，安全管理员能够对全网的安全状态得出整体的判断。态势评估曲线图就可作为安全态势的全局视图。

第二，基于网络逻辑图的安全状态分布图。安全管理员需要了解全网各部分的安全状态。节点链路图是表现网络逻辑拓扑最常见的方式，同时应在网络拓扑图的基础上表现网络各部分的安全状态，即基于网络逻辑图的安全状态分布图。

第三，基于网络地理图的安全状态分布图。在实际作战中，网络对抗是整个作战行动的一部分。因而，把网络对抗各要素点和实际地理分布结合起来，充分考虑在网络地理分布图的基础上表现网络各部分的安全状态，在实际的指挥控制中具有重要意义。

第四，详细的安全属性图。上述三种表现的是全局安全状态，安全管理员在形成准确的指控决策时，还需要特定设备上具体的安全属性信息。因此，要提供各种安全属性的曲线图即详细的安全属性图，根据安全管理员的选择、查询等要求给予表现，并支持多角度、多尺度、可定制的显示。

第五，安全态势报告。除了图形化的表示方式，各种安全属性信息、安全态势评估、安全预警信息还应以报告的形式提供。

在安全态势的表示和可视化问题中，应重点解决安全属性和时间关系的表现，以及安全状态和使命任务关系的表现。时间和地点是安全态势中的两个重要因素，目前已有的研究中在时间关系的表现上还比较弱，网络态势感知系统应充分考虑实现如下功能：用户可选择的时间粒度、时间范围、特定的时间点，将特定的安全事件类型、安全事件的属性、特定的目标、攻击源与时间关联表现，表现特定类型事件的频率、事件的持续时间、事件的顺序，不同时间段安全事件的比较，等等。同时，还应考虑表现安全对任务的影响，主要包括：显示网络资源与使命关键任务之间的依赖关系，指示所有使命关键任务依赖的特定网络资源，显示资源和任务依赖的强度，显示使命关键任务所依赖的资源的需求顺序，等等。其中资源的粒度可选。

安全态势感知涉及从传感器收集安全数据，到对安全数据进行分析处理，最后到生成总体安全视图的全过程，同时和应急响应恢复系统存在较紧密的接口。

三、网络安全态势感知技术现状

目前，大规模网络的出现及其快速增长，加之网络环境的日益复杂化，来自网络中的威胁不断增多，使得网络安全遭受重大挑战，尽管入侵检测系统、防火墙等网络安全产品已得到了广泛的使用，但这些传统的安全方法仍不能满足用户的需求。网络安全态势感知技术能够从整体上动态反映网络安全状态，并对网络安全状态的发展趋势进行预测和预警。在这种情况下，很多组织机构提出开展网络安全态势感知研究是非常及时也是非常必要的。

网络安全态势预测是利用历史资料进行外推式预测。根据一般预测的方法，如果网络安全态势过去和现在的发展规律直接延伸到未来，没有什么重大的干扰和突发情况，网络安全态势预测则可以加以模型化。而实际上，网络安全态势预测往往受很多不确定因素的影响，那么要使得安全态势预测模型具有实际可操作性，就要充分消除或淡化这些不确定因素，充分分析网络安全态势变化规律与这些不确定性因素之间的关系。

通过对现有文献的研究，人们发现要准确预测网络安全态势并非易事。研究人员在这方面做了大量的工作，但安全态势预测的结果并不十分令人满意，还有许多需要进一步解决的问题。

第一，建立的数据模型比较单一。大多数态势预测都只使用了单一预测方法进行建模，还有的通过对单一预测模型进行优化来提高预测精度，虽然取得了一定的成果，但很难摆脱单一预测模型的局限性。

第二，不同预测模型的预测结果差距较大。不同预测模型对同一安全态势进行预测会得到不同的态势预测结果。而且同一预测模型随着时间的不同，预测精度也在不停变化，有时高，有时低，很难确定哪一种模型的效率更高。

第三，组合预测还处于起步阶段。对网络安全态势进行组合预测的研究相对较少，组合预测方法通过建立多种不同的预测模型进行预测，然后通过对各种模型的预测结果进行一定的加权求和得到最终的预测结果，其优点是可以通过不同的模型来考虑不同的影响因素，从不同的角度进行建模预测，从而充分利用信息。

目前，网络安全态势感知依然缺乏统一的标准，不同研究机构对安全态势的理解不同，这使得网络态势感知的实现方式趋于多样化。当前网络安全态势感知研究主要围绕结构设计、态势察觉、态势理解、态势预测、态势可视化等领域开展。值得一提的是，在物理战场态势评估方面已取得的丰硕成果，对开展网络安全态势感知系统研究具有一定的借鉴与启发意义。总体而言，国内外对网络安全态势的研究还是主要集中在态势察觉和态势理解阶段，而对态势预测阶段的研究相对较少。

第四章 入侵检测技术方法

入侵检测是指通过对行为、安全日志、审计数据或其他网络上可以获得的信息进行操作，检测到对系统的入侵或入侵的企图。入侵检测的作用主要包括威慑、检测、响应、损失情况评估、攻击预测和起诉支持等。入侵检测技术是为保证计算机系统的安全而设计与配置的一种能够及时发现并报告系统中未授权或异常现象的技术，是一种用于检测计算机网络中违反安全策略行为的技术。进行入侵检测的软件与硬件的组合便是入侵检测系统。

第一节 入侵行为的分类

一、入侵模拟

现有的网络攻击工具纷繁复杂、种类繁多，而且配置和使用方法也不尽相同。为了提高黑客监控系统的研究效率和质量，简化测试环境，提高数据质量和可控制性，采用网络攻击工具集成平台 ATK，该平台可以有效模拟各种主流网络攻击方法，并且可以对各种参数进行控制，以便为整个黑客监控系统的开发和测试提供攻击数据源。同时，为了对防火墙、入侵检测系统等网络安全设施的开发和使用提供有效的测试和指导，根据入侵提取的特征和入侵规律，也可以采用网络攻击工具的集成平台 ATK。在对现有网络安全产品进行评估、检验和分析的时候，我们不能被动地等待黑客入侵，而应该对典型的攻击方式进行有效的模拟，为系统提供稳定的攻击数据源，以便为防御和检测系统的分析提供依据。同时，在网络安全组件的设计、构建和测试过程中，常常需要使用一些用例。这些用例可以指导系统的设计，同时也可以为测试营造良好的环境。

二、模式匹配

模式匹配就是将收集到的信息与已知的网络入侵和系统误用模式数据库进行比较，从而发现违背安全策略的行为。一般来讲，一种进攻模式可以用一个过程（如执行一条指令）或一个输出（如获得权限）来表示。无论是哪一种入侵检测方法，模式匹配都是必需的。模式匹配器将系统提取到的入侵特征与入侵模式库中的正常模式或者异常模式进行比较，对提取到的行为进行判断。该方法的一大优点是只需收集相关的数据集合，可以减轻系统负担，而且技术已相当成熟，检测准确率和效率都相当高。该方法的缺点是需要不断地升级，以对付不断出现的黑客攻击手法，不能检测到从未出现过的黑客攻击手段。在传统的入侵检测方法中，入侵行为分析是指在信息收集之后所进行的信号分析的过程。信号分析主要分为模式匹配、统计分析和完整性分析。Snort 是采用模式匹配算法进行入侵特征提取的最经典的例子，从 Snort 系统运行的流程来看，其检测方法相对来说是比较简单的，Snort 的检测规则是由一种二维链表的方式进行组织的，Snort 的规则库采用文本方式进行存储，可读性和可修改性都较好，缺点是不能作为直接的数据结构给检测引擎进行调用，因此每次启动时都需要对规则库文件进行解析，以生成可供检测程序高效检索的数据结构。

实际上，入侵检测最终都是由模式匹配来完成的。之所以传统的模式匹配方法并不包括真正的入侵分析，是因为在这种入侵检测中，模式匹配的模式是由人来定义的，无论是形式还是内容，模式匹配仅仅是入侵分析的一部分，也就是检测部分。模式匹配的目的就是找到入侵。

三、入侵分析

入侵分析的主要目的不是找到入侵，而是定义什么是入侵，或者定义什么不是入侵。入侵分析就是应用各种方法来生成具有这些数据结构的数据的过程，或者生成其他描述正常行为的数据。也就是说，入侵分析的输出就是模式匹配中所要使用的模式，而整个入侵行为分析包含了模式建立和模式匹配两个过程。从广义上来说，入侵行为分析分为对入侵（产生破坏）的分析以及对攻击（尚未产生破坏）的分析。入侵分析的结果是模式，即攻击特征库中的特征模式。攻击分析则是利用这些特征进行模式匹配，发现攻击行为。

（一）神经网络方法

为了构建具有学习能力和适应能力的入侵检测系统，人们开始在入侵检测领域引入各种智能方法。神经网络具有自适应、自组织和自学习的能力，可以处理一些环境知识十分复杂、背景知识尚不清楚的问题，同时允许样本有较大的缺失和畸变。在使用统计处理方法很难达到高效准确的检测要求时，可以构造智能化的基于神经网络的入侵检测器，也就是一个简单的神经网络模型。基于神经网络的入侵检测一般是作为异常检测方法来使用的。基于神经网络的入侵检测的优点有：具有学习和识别未曾见过的入侵的能力；对噪音和不完全数据的处理很好；以非线性的方式进行分析，处理速度快且适应性好。但是，网络安全问题是一个相当复杂的问题，用简单的模型处理，会发生一些意想不到的问题，最典型的就是误报和漏报。

（二）数据挖掘方法

数据挖掘是一个利用各种分析工具在海量数据中发现模型和数据之间关系的过程，这些模型和关系可以用来做预测。数据挖掘是一种决策支持过程，它主要基于人工智能、机器学习和统计分析等技术，能够高度自动化地分析原有数据，作出归纳性的推理，进而从中挖掘出潜在的模式，预测用户的行为。数据挖掘就是指从数据中发现肉眼难以发现的固定模式或异常现象，遵循基本的归纳过程，它将数据进行整理分析，并从大量数据中提取出有意义的信息和知识。基于数据挖掘的入侵检测系统主要由数据收集、数据挖掘、模式匹配以及决策等四个模块组成。数据收集模块从数据源提取原始数据，将经过预处理后得到的审计数据提交给数据挖掘模块。数据挖掘模块对审计数据进行整理、分析，找到可用于入侵检测的模式与知识，然后提交给模式匹配模块进行入侵分析，作出最终判断，最后由决策模块给出应对措施。基于数据挖掘的入侵检测系统主要有以下几点优势：智能性好、自动化程度高、检测效率高、自适应能力强以及误报率低。

（三）基于入侵树的方法

在基于入侵树的方法中，如果没有发现对系统的确切入侵结果，就不会对相应的行为进行分析，而只是进行简单记录。细小的数据结构要构成完整的入侵树，必须满足很多条件。入侵分析就是应用各种方法来生成具有用于入侵特征描述的一些数据结构的数据，或者生成其他描述正常行为的数据的过程。也就是说，入侵分析的输出就是模式匹配中所要使用的模式。这里将每一个网络数据包和每一条操作系统审计记录都看成一个最小的数据结构。这些数据结构及其组合中隐含了很多需要的相关信息。但是，要记录所有的信息并加以分析，会给入侵检测系统带来相当大的压力。前提是，它们之间必须是关联的。所谓关联，是指在各个不同的信息条目之间的相关性达到了一定的程度。以IP数据包为例，它有以下几个基本的属性：源地址、目的地址、接收时间、各标志位的值等。那么，源地址和目标地址相同的一系列数据包之间很有可能是相关联的，如大范围的端口扫描行为；源地址不同，但目标地址相同且时间上非常接近的大量数据包也很可能是相关联的，如拒绝服务攻击等。从入侵者的角度来看待这个问题，在确定了入侵目标并获取了一些基本信息（如 IP 地址）之后，入侵者首先要对目标主机或网络进行扫描。扫描的主要目的是确定目标主机的操作系统类型以及运用了哪些服务信息。

第二节　入侵检测及其系统

近年来，计算机网络的高速发展和应用，使网络安全的重要性也日益增加。如何识别和发现入侵行为或意图，并及时给予用户通知，以采取有效的防护措施，从而保证系统或网络安全，是入侵检测系统的主要任务。

一、入侵检测及其系统的概念

入侵检测，顾名思义是指对入侵行为的发现。入侵检测技术是通过从计算机网络或计算机系统中的若干关键点收集信息并对其进行分析，从中发现网络或系统中是否有违反安全策略的行为和遭到袭击的迹象的一种安全技术。入侵检测系统则是指一套监控和识别计算机系统或网络系统中发生的事件，根据规则进行入侵检测和响应的软件系统或软件与硬件组合的系统。

二、入侵检测系统的分类

自从入侵检测技术开始应用之后，入侵检测系统被应用在各个领域，主要是用来对网络进行监测。根据不同的分类标准，可以把入侵检测系统分成不同类别。

（一）根据检测对象来分

检测对象，即要检测的数据来源，根据入侵检测系统所要检测的对象的不同，可将其分为基于主机的入侵检测系统和基于网络的入侵检测系统。基于主机的入侵检测系统，即 Host-based IDS，行业上称之为 HIDS，系统获取数据的来源是主机，它主要是从系统日志、应用程序日志等渠道来获取数据，并进行分析以判断是否有入侵行为，进而保护系统主机的安全。基于网络的入侵检测系统，即 Network-based IDS，行业上称之为 NIDS，系统获取数据的来源是网络数据包，它主要是用来监测整个网络中所传输的数据包并进行检测与分析，同时加以识别，若发现有可疑情况即入侵行为立即报警，来保护网络中正在运行的各台计算机。

（二）根据系统工作方式来分

根据系统的工作方式来分，可以将入侵检测系统分为在线入侵检测系统和离线入侵检测系统两种。在线入侵检测简称 IPS，一旦发现有入侵的可能就会立即采取措施，立即把入侵者与主机的连接断开，并收集证据和实施数据恢复。这个在线入侵检测的过程是在循环不停歇地进行着的。离线入侵检测，通过判断用户是否具有入侵行为是依据计算机系统对用户操作所做的历史审计记录，如果发现有入侵就断开连接，并即时将入侵证据进行记录和同时进行数据恢复。

（三）根据每个模块运行的分布方式来分

这种分类标准是按照系统的每一个模块运行分布方式的不同来进行划分的，可以把入侵检测系统分为集中式入侵检测系统和分布式入侵检测系统。集中式入侵检测系统，比较单一，效率较高，它是在一台主机上进行所有操作，如数据的捕获、数据的分析、系统的响应等均在一台主机上进行。分布式入侵检测系统，比较复杂。在该系统中，网络范围且数据流量较大，在布置入侵检测系统时会考虑到在不同的层次、不同的区域、多个点上进行布置，这样就能更加全方位地保护网络安全。

（四）入侵检测系统的现状及分析

现如今，国外的一些研究机构对入侵检测的相关研究水平较高，普渡大学、加州大学的戴维斯分校等在此领域的研究处于国际领先高度。国外的一些知名厂商如 Cisco 等对于此的研究也很深入。对于入侵检测系统的研究国内的起步相比于国外要晚一些，但发展很快，特别是在近些年来发展尤为突飞猛进，许多国内厂商转战到入侵检测领域上来，而且还纷纷推出了自己的网络安全产品，可以说入侵检测系统进入发展成长的迅猛期。入侵检测系统虽然有了 20 多年的发展，同时也取得了一定的进展，研究出现了百余种不同的检测技术和方法，但是还存在着很多问题，特别是在入侵检测技术方面。目前市场上的入侵检测产品大多存在以下几个问题：

1. 准确性有待提高

当前入侵检测系统采用的检测技术，如协议分析、模式匹配等，存在着这样那样的缺陷。此外，由于各种攻击方法的不断更新，使得入侵检测系统的误报率和漏报率较高，入侵检测的准确性有待进一步提高。

2. 响应能力需要提高

一旦检测系统发现有入侵行为，需要及时作出响应，但由于目前入侵检测系统的精力主要是在入侵行为的检测方面，虽然检测到入侵，但往往不会主动对攻击者采取响应措施，使得管理无法立即采取相应行动，从而使得攻击者有机可乘。因此，需要提高入侵检测系统的响应能力，变被动为主动。

3. 体系结构需要完善

在体系结构上，许多入侵检测系统还不是很完善，架构单一，对大规模网络的检测效果不好，存在着很多问题，因此要在确保安全的基础上实现相应的功能扩展，以满足多元化及开放化的需求。

4. 性能要提高

随着网络的高速发展以及交换技术的更新，现有的入侵检测系统已明显力不从心，在大范围及高流量的网络中经常出现丢包现象，甚至导致瘫痪。因此，新的检测方法、新的检测模型以及新的入侵检测技术的研究与探索刻不容缓。

除此之外，入侵检测系统要充分满足用户需求，还要可随时追踪系统环境的改变，适应性强；系统即便出现崩溃，也要确保可以进行保留，有较强的容错能力；能保护自身的系统安全，不易被欺骗，安全性能高。入侵检测系统本身也在不断地发展和变化中，期待其实现历史性的突破。

第三节　入侵检测安全解决方案

单一的安全保护往往效果不理想，最佳途径就是采用多种安全防护措施对信息系统进行全方位的保护并结合不同的安全保护因素。例如，通过防病毒软件、防火墙和安全漏洞检测工具来创建一个比单一防护有效得多的综合保护屏障。分层的安全防护成倍地增加了黑客攻击的成本和难度，从而大大减少他们对该网络的攻击。

一、入侵检测系统

作为分层安全中普遍采用的措施，入侵检测系统将有效地提升黑客进入网络系统的门槛。入侵检测系统能够通过向管理员发出入侵企图来加强当前的存取控制系统；识别防火墙通常不能识别的攻击，如来自企业内部的攻击；在发现入侵企图之后提供必要的信息，帮助系统的移植。

总体上讲，入侵检测系统可以帮助企业避免内部、远程乃至非授权用户所进行的网络探测、系统误用及其他恶意行为。作为一套战略工具，它还可以帮助安全管理员制定杜绝未来攻击的可靠应对措施。基于主机的入侵检测系统与基于网络的入侵检测系统并行可以做到优势互补，基于网络的部分提供早期警告，而基于主机的部分可提供攻击成功与否的情况分析与确认。

二、防火墙

防火墙是多层安全防护中必要的一层。底层建立的应用程序代理防火墙产品更安全、更快速，并且更便于管理与公司的网络集成，以其独特的混合体系结构将多种功能集于一身，可为企业提供全面的安全性防护。防火墙的主要功能有：第一，过滤掉不安全服务和非法用户；第二，控制对特殊站点的访问；第三，提供监视互联网安全和预警的方便端点。由于互联网的开放性，有许多防范功能的防火墙也有一些防范不到的地方：第一，防火墙不能防范不经由防火墙的攻击。例如，如果允许从受保护网内部不受限制地向外拨号，一些用户可以形成与互联网的直接连接，从而绕过防火墙，造成一个潜在的后门攻击渠道。第二，防火墙不能防止感染了病毒的软件或文件的传输。第三，防火墙不能防止数据驱动式攻击。当有些表面看来无害的数据被邮寄或复制到互联网主机上并被执行而发起攻击时，就会发生数据驱动攻击。因此，防火墙只是一种整体安全防范政策的一部分。这种安全政策必须包括：公开的、以便用户知道自身责任的安全准则，职员培训计划，与网络访问、当地和远程用户认证、拨出拨入呼叫、磁盘和数据加密以及病毒防护有关的政策。

一个防火墙为了提供稳定可靠的安全性，必须跟踪流经它的所有通信信息。为了达到控制目的，防火墙首先必须获得所有通信层和其他应用的信息，然后存储这些信息，控制这些信息。防火墙仅检查独立的信息包是不够的，因为状态信息、以前的通信和其他应用信息是控制新的通信连接的最基本的因素。对于某一通信连接，通信状态（以前的通信信息）和应用状态是对该连接作控制决策的关键因素。因此，为了保证高层的安全，防火墙必须能够访问、分析和利用通信信息、通信状态、应用状态，进行信息处理。

三、风险管理系统

在整个企业网络系统风险评估过程中，包括基于主机的风险管理系统在内的安全漏洞扫描工具只限于在单一位置自动进行并整合安全策略的规划、管理及控制工作，其对整个网络系统内的风险评估，尤其是对基于不同网络协议的网络风险评估不能面面俱到。风险管理系统是一个漏洞和风险评估工具，用于发现、发掘和报告网络安全漏洞。

风险管理系统不仅能够检测和报告漏洞，而且可以证明漏洞发生在什么地方以及发生的原因，在系统之间分享信息并继续探测各种漏洞，直到发现所有的安全漏洞，同时可以通过发掘漏洞来提供更高的可信度以确保被检测出的漏洞是真正的漏洞。这就使得风险分析更加精确并确保管理员可以把风险程度最高的漏洞放在优先考虑的位置。在风险管理解决方案方面，风险管理系统是一种基于主机的安全漏洞扫描和风险评估工具，它通过简化整个安全策略的设置过程，可最大可能地检测出系统内部的安全漏洞，使管理人员能够迅速对其网络安全基础架构中存在的潜在漏洞进行评估并采取措施。例如，风险管理系统 Net Recon 可根据整体网络视图进行风险评估，同时可在那些常见安全漏洞被入侵者利用且实施攻击之前进行漏洞识别，从而保护网络和系统。由于 Net Recon 具备了网络漏洞的自动发现和评估功能，它能够安全地模拟常见的入侵和攻击情况，在系统间分享信息并继续探测各种漏洞，直到发现所有的安全漏洞，从而识别并准确报告网络漏洞，推荐修正措施。

四、蜜罐

蜜罐是一种在互联网上运行的计算机系统，它是专门为吸引并诱骗那些试图非法入侵他人计算机系统的人而设计的。蜜罐系统是一个包含漏洞的诱骗系统，它通过模拟一个或多个易受攻击的主机，给攻击者提供一个容易攻击的目标。由于蜜罐并没有向外界提供真正有价值的服务，因此所有对蜜罐的尝试都被视为可疑的。而蜜罐的另一个用途是拖延攻击者对真正目标的攻击，让攻击者在蜜罐上浪费时间。简单来说，蜜罐就是诱捕攻击者的一个陷阱。

五、防病毒软件

防病毒软件的应用也是多层安全防护的一种必要措施。防病毒软件是专门为防止已知和未知的病毒感染企业的信息系统而设计的，它的针对性很强，但是需要不断更新。

六、多层防护发挥作用

即使网络中的入侵检测系统失效，防火墙、风险评估软件都没有发现已知病毒，安全漏洞检测没有清除病毒传播途径，防病毒软件同样能够侦测这些病毒，蜜罐系统也会起作用。因此，在使用了多层安全防护措施以后，企图入侵该网络系统的黑客要付出数倍的代价才有可能达到入侵目的。这时，信息系统的安全系数得到了大大的提升。配置合理的防火墙能够在入侵检测系统发现之前阻止最普通的攻击。安全漏洞评估能够发现漏洞并帮助清除这些漏洞。如果一个系统没有安全漏洞，即使一个攻击没有被发现，那么这样的攻击也不会成功。

第五章　基于模型的网络安全风险评估

第一节　风险评估的主要内涵及风险评估中的脆弱性

一、风险评估的主要内涵

安全风险评估的主要内容包括：资产识别和估价，脆弱性识别和评价，威胁识别和评价，安全措施确认，建立风险测量的方法及风险等级评价原则，确定风险大小与等级。风险主要涉及以下概念：①资产，指任何对组织有价值的东西，包括计算机硬件、通信设施、建筑物、数据库、文档信息、软件、信息服务和人员等，所有这些资产都需要妥善保护；②威胁，指可能对资产或组织造成损害的意外事件的潜在的原因，即某种威胁源或威胁代理成功利用特定弱点对资产造成负面影响的潜在可能性。风险评估关心的是威胁发生的可能性。

威胁评估是通过技术手段、统计数据和经验判断来确定系统面临的威胁的过程。威胁评估中的主要工作包括两个方面：一方面要根据资产运行环境来确定其所面临的威胁来源，另一方面要确定这些威胁的严重程度和发生的概率。脆弱性评估包括脆弱性识别和赋值两个步骤，是对系统中存在的可被威胁利用的缺陷的发现与分析的过程。脆弱性也被称作漏洞，即资产或资产组中存在的可被威胁利用的缺点。脆弱性一旦被利用，就可能对资产造成损害。风险是指特定威胁利用资产的弱点带来损害的潜在可能性。单个或多个威胁可以利用单个或多个弱点。风险是威胁事件发生的可能性与影响综合作用的结果。资产评估是确定资产的安全属性（可靠性、可用性、完整性等）受到破坏而对系统造成影响的过程。在风险评估的过程中，资产评估包含资产识别、资产安全要求识别及资产赋值等三部分内容。

二、风险评估中的脆弱性

系统安全漏洞，即系统脆弱性，是计算机系统在硬件、软件、协议的设计与实现过程中或系统安全策略上存在的缺陷和不足。非法用户可利用系统安全漏洞获得计算机系统的额外权限，在不经授权的情况下访问或提高其访问权，破坏系统，危害计算机系统安全。从近些年计算机网络安全事件的增长趋势可以看到，网络安全事件在以极其迅猛的速度增长，如此之多的安全事件发生主要是由于系统存在安全漏洞。据调查，各大厂商竞相推出的各类网络产品，或多或少都存在安全漏洞，因此有必要对系统安全漏洞进行分析和研究，以尽可能地减少网络安全事件的发生，提高网络安全性能。

（一）脆弱性造成的危害

系统脆弱性的危害是多方面的。近年来，许多突发的、大规模的网络安全事件多数都是由系统脆弱性导致的。网络安全事件影响人们的正常工作和生活，而且信息安全已上升到国家安全的高度。脆弱性对系统造成的危害，在于它可能被攻击者利用，继而破坏系统的安全特性，而它本身不会直接对系统造成危害。通常脆弱性会对系统的完整性、可用性、机密性、可控性、不可抵赖性和可靠性等造成严重破坏。

（二）脆弱性产生的原因

脆弱性产生的主要原因是程序员操作不正确和不安全编程。部分程序员在编程时就没有考虑到安全问题，所以用户不正确地使用以及不恰当地配置都可能导致漏洞的出现。分析漏洞产生的原因，目的就在于从根本上减少漏洞的产生。漏洞产生的原因主要归为以下几种：

第一，输入验证错误：未对用户输入数据的合法性进行验证，使攻击者非法进入系统。大多数的缓冲区溢出漏洞和 CGI 类漏洞都是这种原因引起的。

第二，造成缓冲区溢出：向程序的缓冲区中录入的数据超过其规定长度，造成缓冲区溢出，破坏程序正常的堆栈，使程序执行其他命令。如果这些指令是放在有管理员权限的内存里，那么一旦这些指令得到了运行，入侵者就可以控制系统。

第三，设计错误：指程序设计错误而导致的漏洞。严格来讲，大多数的漏洞都属于设计错误。

第四，意外情况处置错误：程序在实现逻辑中没有考虑到一些应该考虑的意外情况，从而导致运行出错。这种错误比较常见，如没有检查文件是否存在就直接打开设备文件会导致拒绝服务。

第五，访问验证错误：程序的访问验证部分存在某些可利用的逻辑错误，使攻击者有可能绕过访问控制非法进入系统。

第六，配置错误：系统和应用的配置有误，或配置参数、访问权限、策略安装位置、软件安装位置等有误。

第七，竞争条件：程序处理文件等实体在时序和同步方面存在问题，在处理的过程中可能存在一个机会窗口，使攻击者能够对系统施以外来的影响。

第八，环境错误：一些环境变量的错误或恶意设置造成的漏洞，导致有问题的特权程序可能被攻击者用于执行攻击代码。

检测漏洞的方法主要有两类，扫描和模拟攻击。漏洞检测是对目标系统进行扫描，通过与目标主机 TCP/IP 端口建立连接并请求某些服务，记录目标主机的应答，从而收集目标系统的安全漏洞信息。模拟攻击就是通过使用模拟攻击的方法，如 IP 欺骗、缓冲区溢出、DDOS 等对目标系统可能存在的已知安全漏洞进行逐项检查，从而发现系统的安全漏洞。网络安全风险评估系统可以通过对目标系统实施扫描，逐项检测系统的安全漏洞。

第二节　风险评估的相关技术

一、网络安全防护体系

经过多年的发展，大部分企业对网络安全的认识已经提高。目前，多数企业的网络安全已形成防火墙＋入侵检测＋防病毒＋访问控制列表，即在网络边界部署防火墙，在网络核心部署入侵检测系统，在整个内部网络部署防病毒系统，在内部子网或设备间配置访问控制列表的安全防护体系。

防火墙用来实现内部网和外部网之间信息的过滤，对内形成一个可靠的子网，可阻止大部分外部网的非法访问。但防火墙有它的局限性，防火墙不能防御绕过了它的攻击，不能消除来自内部的威胁，同时它也不能防止病毒感染过的程序和文件进出网络。入侵检测系统对网络系统进行实时监测和分析，并作出相应的反应。防病毒系统对内部网络系统的病毒、木马等实时监控，防护内部主机。访问控制列表实现细粒度的网络管理，需要在网络的便捷性和安全性之间权衡。以上防护模式实现了从外到内的全方位防护，并且使用的各类技术也都非常成熟，但网络安全事件还时有发生，原因在于这是一种被动的防护手段，不能有效地预防或解决网络中存在的安全问题。因此，安全风险评估可作为一种有效的补充手段，定期对网络安全进行评估，及时发现内部隐患并整改。

二、网络扫描的原理与分析

安全风险评估中用到最多的是扫描技术，可动态采集网络安全信息。安全扫描技术与防火墙、入侵检测、防病毒等传统技术相比，是一门新兴的技术，它从另一个角度来解决网络安全上的问题。网络安全扫描技术与防火墙、入侵检测系统互相配合，能够有效提高网络的安全性。通过对网络的扫描，网络管理员可以实时了解网络的安全配置和运行的应用服务，及时发现安全漏洞，从而客观评估网络风险等级。网络管理员还可以根据扫描的结果更正网络安全漏洞和系统中的错误配置，在病毒、木马和黑客攻击前进行防范。如果说防火墙和网络监控系统是被动的防御手段，那么安全扫描就是一种主动的防范措施，可以有效避免病毒、木马和黑客攻击行为，做到防患于未然。

（一）网络扫描技术

网络扫描技术一般包括主机扫描技术、端口扫描技术和漏洞扫描技术。

1.主机扫描技术

主机扫描的目的是确定在目标网络上的主机是否可达，通常应用于信息收集的初级阶段，其效果直接影响到后续的扫描。扫描主要利用 ICMP（因特网控制报文协议），有时防火墙和网络过滤设备常常禁用 ICMP。为了突破这种限制，可利用 ICMP 提供网络间传送的错误信息来识别目标。常用的扫描手段如下：

（1）ICMP Echo 扫描

向目标主机发送 ICMP Echo Request（type 8）数据包，等待回复 ICMP Echo Reply（type 0）数据包。如果能收到，则表明目标系统可达，否则表明目标系统已经不可达或发送的包被对方的设备过滤掉。

（2）ICMP Sweep 扫描

Echo 扫描通过并行发送，同时探测多个目标主机，以提高探测效率。它又分为 Broadcast ICMP 扫描和 Non-Echo ICMP 扫描。Broadcast ICMP 扫描是将 ICMP 请求包的目标地址设为广播地址或网络地址，可以探测广播域或整个网络范围内的主机。Non-Echo ICMP 扫描是利用如 Stamp Request（type 13）ICMP 类型包对主机或网络设备的探测。

（3）异常的 IP 包

向目标主机发送包头错误的 IP 包，目标主机或过滤设备会反馈 ICMP Parameter Problem Error 信息。常见的伪造错误字段为 Header Length Field。主机应该检测 IP 包的 Version Number、Checksum 字段，路由器应该检测 IP 包的 Checksum 字段。不同厂家的路由器和操作系统对这些错误的处理方式不同，返回的结果也各异。如果结合其他手段，可以初步判断目标系统所在网络过滤设备的 ACL。

（4）在 IP 包中设置无效的字段值

向目标主机发送的 IP 包中填充错误的字段值，目标主机或过滤设备会反馈 ICMP Destination Unreachable 信息。这种方法同样可以探测目标主机、网络设备及其 ACL。

①错误的数据分片

当目标主机接收到错误的数据分片（某些分片丢失），并且在规定的时间间隔内得不到更正时，将丢弃这些错误数据包，并向发送主机反馈 ICMP Fragment Reassembly Time Exceeded 错误报文。利用这种方法同样可以检测到目标主机和网络过滤设备及其 ACL。

②通过超长包探测内部路由器

若构造的数据包长度超过目标系统所在路由器的 PMTU 且设置禁止分片标志，该路由器会反馈差错报文，从而获取目标系统的网络拓扑结构。

③反向映射探测

该技术主要用于探测被过滤设备或防火墙保护的网络和主机。通常这些系统无法从外部直接到达，但是我们可以采用反向映射技术，从而通过目标系统的路由设备进行有效的探测。当我们想探测某个未知网络内部的结构时，可以构造可能的内部 IP 地址列表，并向这些地址发送数据包。当对方路由器接收到这些数据包时，会进行 IP 识别并路由，对不在其服务范围内的 IP 包发送 ICMP Host Unreachable 或 ICMP Time Exceeded 错误报文，没有接收到相应错误报文的 IP 地址会被认为在该网络中。当然，这种方法也会受到过滤设备的影响。

2.端口扫描技术

一个端口就是一个潜在的通信通道，也就是一个入侵通道。对目标计算机进行端口扫描，能得到许多有用的信息，从而发现系统的安全漏洞。它使系统用户了解系统目前向外界提供了哪些服务，从而为系统用户管理网络提供一种手段。端口扫描向目标主机的 TCP / IP 服务端口发送探测数据包，并记录目标主机的响应。通过分析响应来判断服务端口是打开的还是关闭的，就可以得知端口提供的服务或信息。端口扫描主要有经典的全连接扫描以及 SYN（半连接）扫描，此外还有 FIN 扫描和第三方扫描等。

（1）全连接扫描

全连接扫描是 TCP 端口扫描的基础，现有的全连接扫描有 TCP connect 扫描和 TCP 反向 ident 扫描等。其中 TCP connect 扫描的实现原理如下：扫描主机通过 TCP / IP 协议的三次握手与目标主机的指定端口建立一次完整的连接。连接由系统调用 connect 开始。如果端口开放，则连接将建立成功；否则，若返回值为-1 则表示端口关闭。若系统响应扫描主机的 SYN / ACK 连接请求，则表明目标端口处于监听（打开）的状态；如果目标端口处于关闭状态，则目标主机会向扫描主机发送 RST 的响应。这种方法的好处在于使用者不需要任何特权就可以调用，且速度快。

（2）SYN 扫描

若端口扫描没有完成一个完整的 TCP 连接，在扫描和目标主机的指定端口建立连接时只完成了前两次握手，在第三握手时，扫描主机中断了本次连接，使连接没有完全建立起来，这样的端口扫描称为半连接扫描，也称为间接扫描。这种方法的好处是几乎不会留下痕迹，但必须要有超级用户权限才能执行。SYN 扫描有时会被防火墙过滤掉。

（3）FIN 扫描

FIN 扫描依靠发送 FIN 来判断目标计算机的指定端口是否活动。如果收到 RST，说明端口是关闭的，否则端口是开放的，但 Windows 系统不受影响。

（4）第三方扫描

第三方扫描又称为“代理扫描”，这种扫描是利用第三方主机来代替入侵者进行扫描。第三方主机一般是入侵者通过入侵其他计算机而得到的，常被入侵者称为“肉鸡”。这些“肉鸡”一般为入侵者控制的个人计算机。

3.漏洞扫描技术

漏洞扫描主要通过以下两种方法来检查目标主机是否存在漏洞：第一，在端口扫描后得知目标主机开启的端口以及端口上的网络服务，将这些相关信息与网络漏洞扫描系统提供的漏洞库进行匹配，查看是否有满足匹配条件的漏洞存在；第二，通过模拟黑客的攻击手法，对目标主机系统进行攻击性的安全漏洞扫描，如测试弱势口令等，若模拟攻击成功，则表明目标主机系统存在安全漏洞。基于网络系统漏洞库，漏洞扫描大体包括：CGI 漏洞扫描、POP3 漏洞扫描、FTP 漏洞扫描、SSH 漏洞扫描、HTTP 漏洞扫描等。这些漏洞扫描基于漏洞库，将扫描结果与漏洞库相关漏洞数据进行比较，可以得到漏洞信息。漏洞扫描还包括没有相应漏洞库的各种扫描，如 Unicode 遍历目录漏洞探测、FTP 弱势密码探测、Open Relay 邮件转发漏洞探测等，这些扫描通过使用插件（功能模块技术）进行模拟攻击，测试出目标主机的漏洞信息。下面就这两种扫描的实现方法进行充分讨论：

（1）漏洞库的匹配方法

基于网络系统漏洞库的漏洞扫描的关键部分就是它所使用的漏洞库。通过采用基于规则的匹配技术，即根据安全专家对网络系统安全漏洞、黑客攻击案例的分析和系统管理员对网络系统安全配置的实际经验，可以形成一套标准的网络系统漏洞库，然后在此基础之上构成相应的匹配规则，由扫描程序自动进行漏洞扫描及匹配工作。这样一来，漏洞库信息的完整性和有效性决定了漏洞扫描系统的性能，漏洞库的修订和更新的性能也会影响漏洞扫描系统运行的时间。因此，漏洞库的编制不仅要对每个存在安全隐患的网络服务建立对应的漏洞库文件，而且应当能充分满足前面所提出的性能要求。

（2）插件（功能模块）技术

插件是由脚本语言编写的子程序，扫描程序可以通过调用它来执行漏洞扫描，检测出系统中存在的一个或多个漏洞。添加新的插件可以使漏洞扫描软件增加新的功能，扫描出更多的漏洞。插件编写规范化后，用户甚至可以用自行设计的脚本语言编写的插件来扩充漏洞扫描软件的功能。这种技术使漏洞扫描软件的升级维护变得相对简单，而专用脚本语言的使用也简化了编写新插件的编程工作，使漏洞扫描软件具有较强的扩展性。端口扫描和目标操作系统的识别只是最基本的信息探测，攻击者感兴趣的往往是在这些信息的基础上找到其存在的薄弱环节，找到错误的配置或者找出危害性较大的系统漏洞。这些漏洞主要包括：错误配置、简单口令、网络协议漏洞及其他已知漏洞。

（二）常用安全工具分析

1.Super Scan

Super Scan 是由 Found stone 开发的一款免费但功能十分强大的安全工具，提供图形界面操作方式，采用全连接或半连接扫描，具有以下功能：检测 IP 是否在线，能发现主机或服务；提供 IP/域名相互转换、Ping 等工具，对特定主机进行空连接，获取端口 Banner 信息，查找共享、用户列表、账号策略等资源。Super Scan 是一个典型的基于 TCP 全连接的端口扫描器，系统速度快，使用简单，但不能分辨 IP 的设备类型，扫描结果不是十分准确。

2.X-Scan

X-Scan 是国内安全焦点（X-Focus）出品的优秀扫描工具，采用多线程方式对指定 IP 地址段（或单机）进行安全漏洞检测，支持插件功能，提供图形界面和命令行两种操作方式，运行时需要 Winpcap。扫描内容包括：远程服务类型、操作系统类型及版本，各种弱口令漏洞、后门、应用服务漏洞、网络设备漏洞、拒绝服务漏洞等二十几个大类，远程操作系统类型及版本，标准端口状态及端口 Banner 信息，SNMP 信息，CGI 漏洞，IIS 漏洞，RPC 漏洞，SSL 漏洞，SQL-SERVER、FTP-SERVER、SMTP-SERVER、POP3-SERVER、NT-SERVER 弱口令，用户 NT 服务器 NETBIOS 信息、注册表信息等。对于多数已知漏洞给出了相应的漏洞描述、解决方案及详细描述链接，对漏洞的搜索较全面。

3.GFI LANguard Network Security Scanner

GFI LANguard Network Security Scanner 网络安全扫描器提供网络安全扫描和补丁管理解决方案，按照 IP 地址逐一扫描整个网络，是一款付费软件。扫描内容主要包括：机器服务包的级别、需要的安全补丁、无线接入点、USB 设备、开放的共享、开放的 TCP 和 UPD 端口、计算机上开启的服务和应用程序、注册码、存在安全隐患的密码、用户和用户组等。所以，可以使用过滤器和扫描报告对扫描结果进行分析。

4.Enum

Enum 是一个基于 Windows 平台的信息收集工具，它利用空会话获取用户列表、共享信息、密码策略等信息，对单个账号可采用词典进行口令破解，是一款实用的小工具。

5.SQLLHF

SQLLHF 可在指定范围内搜索 SQL 服务并自动检测 SA 口令是否为空，支持对指定账号采用词典进行口令破解，是一款实用的小工具。

以上各类工具都倾向于解决某个方面的安全问题，都不是很全面，无法提供定制的服务，因此有必要开发一套适合管理员的网络安全评估系统，从而解决日常工作中面临的突出安全问题。

第三节　网络安全风险评估模型

随着网络技术的发展和黑客水平的提高，网络被恶意或非恶意入侵的机会越来越多。近年来，发生在网上的安全事件不胜枚举，且逐年呈递增趋势。因此，对网络的安全管理提出了更高的要求，事先对系统和网络进行安全风险评估，已经成为安全管理人员的迫切需求。

一、安全风险评估的多层次体系结构

网络安全是一个多层面的问题，同样其安全风险评估体系也是一个多层次、多角度的立体结构。因此，我们从安全体系的可实施、动态性角度，建立起一种多层次安全风险评估体系结构。以动态模型中安全的层次理论模型为基础，从安全层次出发，对网络进行详细的安全分析，再从每一个层次中分离出若干子系统，比较完整地将网络的各种安全因素都考虑在内，可以保证不会遗漏大的安全问题和安全隐患。网络安全风险评估方案必须架构在科学的安全体系和安全框架之上，安全评估框架是安全风险评估方案设计和分析的基础。为了系统地评估安全问题，从系统层次结构的角度展开，分析各个层次可能存在的安全风险。网络结构的最上层为系统网络层，下一层是网络结构中对应的各个网络设备，称为主机层。而对主机层的评估主要包括操作系统层的安全、数据库层

的安全、应用层的安全等。然而，绝大多数的攻击以及漏洞都是针对某一个服务协议而言的。因此，可以将服务对应到主机上的操作系统层、数据库层以及应用层的应用软件系统。这样一来，网络系统可以分解为层模型，按照该层模型，可以从服务、主机、网络层的各个角度对网络系统的风险状况进行综合评估。每个层次的风险状况，都可以分解为其下层各个子节点的风险值的“和”，从而将下层的各个孤立点结合起来，形成对其上层节点的安全风险状况的综合评估结果。在我们的网络安全风险评估系统中，结合专家的经验和系统的侧重点，预先设定每个下层子节点相对于其上层节点的权值。这样，每个层次某一个节点的安全风险值，就是它的各个子节点的安全风险值的加权和。

二、网络安全风险评估中的评估要素

从信息安全、保护资产的角度出发，最直观的安全风险模型也应包括两个因素：信息资产和安全威胁。从信息安全的角度分析，信息资产又包含两个特征要素：影响价值和脆弱性；安全威胁也应充分考虑两个要素：严重性和暴露率。从安全风险评估的角度看，信息资产的脆弱性和威胁的严重性相结合，可获得威胁产生时实际造成损害的成功率，而将此成功率和威胁的暴露率相结合便可得出安全风险的可能性。综合分析可以看出，安全风险是指资产外部的威胁因素利用资产本身的固有漏洞对资产的价值造成的损害。因此，风险评估过程就是资产价值、资产固有漏洞及威胁的确定过程，即风险 $R=f(z, t, v)$，其中，z 为资产的价值，t 为对网络的威胁评估等级，v 为网络的脆弱性等级。最后，对于以上风险评估模型，还必须说明：在多数的安全风险评估模型中，都要充分考虑现有的安全控管措施对安全风险的影响。有的安全风险评估模型对现有的安全管控措施赋予了一个经验值，综合考虑了现有安全管控措施因素对安全风险值的影响。基于以上的安全风险评估模型，安全风险评估的步骤如下：

第一，确定信息资产列表、信息资产价值。

第二，安全漏洞评估。

第三，威胁评估。

第四，评测已有的安全控管措施。

第五，安全风险量化和评级。

第六，风险的处置和接受。

第七，根据评估结果设计安全策略。

因此，网络安全风险评估系统包括三大子系统：资产评估子系统、威胁评估子系统及漏洞评估子系统。每个子系统的评估体系都是基于以上所提出的网络多层次安全风险评估模型建立的。

安全漏洞的存在是导致安全风险的内部因素，对其进行合理赋值是确定安全风险的重要步骤，而安全漏洞的确定和评估实际上囊括了对整个安全构架的评估。因此，在实际的安全风险评估过程中，需要采用多种方法、从多个角度进行安全漏洞的确定和赋值。漏洞评估主要包括：漏洞信息收集、安全事件信息收集、漏洞扫描、漏洞结果评估。漏洞评估采用的是管理者代理模式，扫描策略的发布是由管理者生成策略，然后发送给评估代理，评估代理解释此扫描策略，使之成为扫描器可以自动自行执行的扫描策略，载入扫描器控制台，启动对目标设备的漏洞扫描。

第四节　基于以组件为中心的访问图模型的网络安全风险评估方法

网络系统的安全风险评估起始于计算机系统的安全风险评估，最初是由黑客攻击技术发展而来的，现在仍然是一个新兴的研究领域。网络安全评估方法的发展经历了从手动评估到自动评估的发展阶段，现在正在由局部评估向整体评估发展，由基于规则的评估方法向基于模型的评估方法发展，由单机评估向分布式评估发展。其中，基于规则的评估方法是从已知的案例中抽取特征，并将其归纳成规则表达，将目标系统与已有的规则一一匹配。当前网络系统的复杂性越来越高，网络攻击技术也在不断地发展和进化。在此背景下，研究网络系统安全风险评估方法具有重要的现实意义。通过对网络系统进行定性和定量的安全风险评估工作，可以有效地提升网络系统的生存能力，从而提高网络系统应对复杂网络环境下各种突发网络攻击事件的能力。基于模型的安全风险评估方法为整个系统建立模型，通过模型可获得系统所有可能的行为和状态，利用模型分析工具产生测试用例，从而对系统整体的安全性进行评估。

一、网络攻击行为的建模方法

对网络攻击行为进行建模，尤其是对组合型的网络攻击行为进行建模是当前研究的一个难点。到目前为止，大多数网络攻击模型领域的研究都集中在对漏洞及漏洞利用工具的归类上。目前对组合型网络攻击行为的建模方法及相关研究主要有如下三种：

（一）攻击树方法

攻击树模型是对故障树模型的扩展，提供了一种面向攻击目标的描述系统漏洞的形式化方法。攻击树模型特别适合描述多阶段的网络攻击行为，总的攻击目标由一系列的子目标通过“AND/OR”关系复合而成。攻击树的节点根据研究目的的不同可以赋予代价、成功概率等不同的属性。在这方面开展的研究有：基于攻击树的 BNF 语言形式化描述、基于攻击树的 Z 语言形式化描述、基于攻击树的大规模入侵检测、基于攻击树的系统安全性分析、基于支持向量机和通用模型的入侵检测、基于攻击树的系统风险性评估工具。

（二）攻击图方法

攻击图是描述攻击者从攻击起始点到达到其攻击目标的所有路径的简洁方法。攻击图提供了一种表示攻击过程场景的可视化方法，攻击图方法的主要难点在于攻击图的构造。早期研究中攻击图都是通过手工分析完成的，随着网络拓扑结构的膨胀和安全漏洞的增加，手工构造攻击图已经变得不可行。有学者提出了一种利用模型检测器自动生成攻击图的方法，但该方法的效果受模型检测器表达能力的制约。有学者使用模型检测器 SMV 构造了一个异构网络的攻击图，并利用攻击图分析了该网络系统的安全性，其建模方法每次只能得到一条攻击反例。有学者提出了攻击图的概念，并给出了利用前向搜索得到攻击图的方法。有学者根据单向性假设，提出了一种更加紧凑的可扩展攻击图描述模型，该模型可以将模型求解问题的复杂度由指数级降为多项式级。有学者提出了特权图的概念，用节点表示用户拥有的特权，边表示安全漏洞，通过特权图构造了攻击状态图，攻击状态图描述了攻击者达到其目标的各种途径，进一步将图论分析方法应用到网络安全评估中。还有学者基于特权图思想提出了一种网络安全评估试验模型框架。

（三）攻击网方法

攻击网是一类特殊类型的攻击图，由位置、变迁、弧和令牌构成，位置与攻击图中的节点相对应，攻击行为通过令牌在位置间变迁的转换来描述。在攻击网模型中，关于攻击方法的描述主要解决一种攻击方法在何种条件下可以成功实施的问题。攻击网模型主要描述了可以实施的各种攻击方法的逻辑和时序关系，从而体现了网络攻击的过程特性。模型运行时令牌的分布则表征了攻击过程动态运行的过程。在这方面开展的研究有基于攻击网的渗透测试、基于攻击网的联合攻击建模及基于着色 Petri 网的入侵检测系统等。

二、攻击图建模方法

（一）模型检测的描述

模型检测的描述规范由两部分组成：一是模型检测器，这是一个由变量、变量的初始值、变量的值发生变化的条件描述定义的状态机；二是关于状态和执行路径的时序逻辑约束。模型检测器访问所有可到达的状态，检验在每条可能的路径上时序逻辑属性是否得到满足。如果属性没有得到满足，模型检测器输出一条状态的轨迹或序列形式的反例，而这个反例在攻击图模型中正是一个攻击路径。攻击图将网络拓扑信息呈现在网络的建模工作中，为评估提供了全面的信息，而且模型检测器为攻击图模型的生成提供了自动化的工作，从而使评估工作减少了人的主观因素的影响，更加符合真实情况。

（二）网络攻击事件的 Büchi 模型描述

正规序列是描述并发进程和其他程序的一种很自然的方式，具有描述 ω-正规序列的能力是程序验证的前提条件。Büchi 自动机具有接收 ω-正规序列的能力，因此在攻击图建模中，把网络攻击事件抽象为 Büchi 自动机。网络攻击事件的 Büchi 模型由以下因素构成：

1.主机的状态

主机的状态包括攻击者在该主机上获得的权限、主机上存在的漏洞情况以及当前能被利用的攻击方法等。

2.攻击者的状态

攻击者的状态即攻击者发起攻击和攻击过程中所在的主机。

3.变迁关系

变迁关系即攻击者使用的攻击方法的前置条件和后置条件。这里把攻击发生的前置条件和后置条件抽象为Büchi自动机中的变迁，也就是状态转移的使能条件。把网络的初始状态，如各主机在未被攻击时的状态、攻击者还未实施攻击行为时的状态抽象为Büchi自动机中的初始状态。

Büchi自动机从初始状态出发，在迁移过程中，满足某攻击的前置条件，通过该攻击迁移到一个新的状态，该状态满足该攻击的后置条件。通过一步步的迁移，最终到达一个终止状态，也就是攻击者实现其攻击目的的成功状态，就构成了一个状态序列，也即ω-序列。所有这些序列的集合构成了Büchi自动机接收的语言。事实上，这些状态序列就是攻击者发动的一系列攻击步骤，是网络攻击事件所有可能动作的子集，也即Büchi自动机接收的语言是网络攻击事件系统的可能的动作的子集。因此，该Büchi自动机是网络攻击事件的Büchi模型。

（三）攻击图生成算法

当前攻击图模型方法存在的主要问题是随着网络系统规模的增大，攻击图算法的状态空间呈指数级增长，从而带来状态空间爆炸问题。当网络节点数目较多时，搜索所有网络攻击路径的工作变得非常困难，甚至不可行。如何降低攻击图算法的时间、空间复杂度，提高算法的计算效率是当前需要研究解决的主要问题。为了降低状态空间数，采用二分决策图（BDD）来描述攻击事件。BDD是进行形式化验证的有效工具，与模型检验技术相结合可以构成符号模型检验。BDD的实质就是在二分决策树中归并相同的子树，消去相同的子节点，从而得到一个代表布尔函数的有向非循环图。利用BDD可以有效压缩网络攻击状态的存储空间。实现BDD的一个重要数据结构是唯一表，它采用哈希压缩存储方式记录BDD节点，并用链表结构解决哈希冲突。在具体实现中，可以使用成熟的模型检验工具，来将网络攻击事件模型抽象为Büchi模型，并利用CTL语法描述Büchi模型和安全属性。因此，通过模型检测器输出的反例就可以得到攻击图模型。

第六章　网络信息系统安全的技术对策

在网络攻击手段日益增多、攻击频率日益提高的背景下，信息技术正以其广泛的渗透性和无与伦比的先进性与传统产业相结合。随着互联网的飞速发展，网络的重要性和对社会的影响越来越大。与此同时，病毒及黑客对网络系统的恶意入侵使信息网络系统面临着强大的生存压力。因此，网络安全问题变得越来越重要。

第一节　网络攻击类型

网络的发展极大地改变了人们的生活和工作方式，互联网更是给人们带来了充分的便捷。在我们赞叹网络的强大功能时，还应当清醒地看到，网络世界并不是一方净土。网络的生命在于其安全性。

常见的网络攻击主要有：窃听、数据篡改、身份欺骗（IP 地址欺骗）、木马程序、缓冲区溢出攻击、嗅探、口令破解、盗用口令攻击、拒绝服务攻击等。而对网络信息安全构成威胁的最普遍因素，就是大众所周知的病毒攻击与黑客的恶意入侵。网络攻击是有预谋、有动机的网络威胁，也是当今网络所面临的最大威胁。网络攻击是指对网络进行破坏，使网络服务受到影响的行为。也可以说，网络攻击是指获取超越目标安全策略所设定的服务或者是使得目标网络服务受到影响甚至停滞的所有行为。网络攻击目标有很多，大致可归纳为两类：一类是对系统的攻击，另一类是对数据库的攻击。对系统的攻击主要发生在网络层上，它破坏系统的可用性，致使系统不能正常工作，会留下比较明显的攻击痕迹，用户很容易就会发现系统不能正常运行，所以说对系统的攻击易被发现。对数据库的攻击主要发生在网络的应用层上，是面向信息的。它的主要目的是篡改和盗取信息，不会留下明显的痕迹，用户不能很容易地知道，所以对数据库的攻击让人防不胜防。网络攻击的一般过程：目标网络的信息收集一目标系统安全弱点的探测一建立模拟环境后进行模拟攻击一具体实施网络攻击。

一、网络安全最大的威胁——DDoS 攻击

纵观网络安全，DDoS（分布式拒绝服务）攻击是网络安全最大的威胁，已经对正常的网络秩序造成严重影响。因此，了解 DDoS 攻击，进而了解它的工作原理及防范措施，才能保证网络安全。

（一）DDoS 攻击的破坏方式

DDoS 攻击是目前黑客经常采用而难以防范的攻击手段。高速广泛连接的网络给大家带来了方便，同时也为 DDoS 攻击创造了极为有利的条件。在低速网络时代时，黑客占领攻击用的傀儡机时，总是会优先考虑离目标网络距离近的机器，因为经过路由器的跳数少、效果好。而现在电信骨干节点之间的连接都是以 G 为级别的，这使得攻击可以从更远的地方或者其他城市发起，攻击者的傀儡机可以分布在更大的范围内，选择起来更灵活。DDoS 攻击手段是在传统的 DoS 攻击基础之上产生的一类攻击方式。单一的 DoS 攻击一般是采用一对一方式的，当攻击目标 CPU 速度低、内存小或者网络带宽小时效果是明显的。随着计算机与网络技术的发展，计算机的处理能力迅速增长，内存大大增加，同时也出现了千兆级别的网络，这使得 DoS 攻击的困难程度加大了，目标对恶意攻击包的“消化能力”加强了不少。DDoS 的攻击手法，攻击者只需要在 PC1 进行操作，通过把 PC2 作为跳板，3 号区域的所有计算机全部向受害者发数据包，这就是利用 PC1 对 PC4 进行 DDoS 攻击的过程。为了逃避追查，黑客不会直接通过 PC2 进行操作，仅仅把 PC2 作为一个跳板，降低 DDoS 攻击被发现的风险。

（二）DDoS 攻击的检测

采用 DDoS 方式进行攻击的攻击者日益增多，我们只有及早发现自己受到攻击才能避免遭受重大损失。检测 DDoS 攻击的主要方法有以下几种：第一，根据异常情况分析。当网络的通信量突然急剧增长，超过平常的极限值时，一定要提高警惕，检测此时的通

信；当网站的某一特定服务总是失败时，也要多加注意；当发现有特大型的ICP和UDP数据包通过或数据包内容可疑时要留神。总之，当机器出现异常情况时，最好分析这些情况，防患于未然。第二，使用DDoS检测工具。当攻击者想使其攻击阴谋得逞时，他首先要扫描系统漏洞，目前市面上的一些网络入侵检测系统，可以杜绝攻击者的扫描行为。另外，一些网络入侵检测工具可以发现攻击者植入系统的代理程序，并可以把它从系统中删除。

（三）DDoS攻击的防御策略

由于DDoS攻击具有隐蔽性，因此到目前为止，我们还没有发现对DDoS攻击行之有效的解决方法。所以，我们要加强安全防范意识，提高网络系统的安全性。可采取的安全防御措施有以下几种：

第一，及早发现系统存在的攻击漏洞，及时安装系统补丁程序。对一些重要的信息（如系统配置信息）建立和完善备份机制，对一些特权账号（如管理员账号）的密码设置要谨慎。通过这样一系列的举措可以把攻击者的攻击概率降至最低。

第二，在网络管理方面，要经常检查系统的物理环境，禁止那些不必要的网络服务。建立边界安全界限，确保输出的包受到正确限制。同时经常检测系统配置信息，并注意查看每天的安全日志。

第三，利用网络安全设备（如防火墙）来加固网络的安全性，配置好它们的安全规则，过滤掉所有可能伪造的数据包。

第四，比较好的防御措施就是和网络服务提供商协调工作，实现路由的访问控制和对带宽总量的限制。

第五，当发现自己正在遭受DDoS攻击时，应当启动应付策略，从而阻挡从已知攻击节点的流量。把伪地址通过IP策略过滤后，DDoS攻击自然会消失。具体的IP策略防范DDoS攻击步骤：第一，在Web→高级配置→组管理中，建立一个工作组“all”（可以自定义名称），包含整个网段的所有IP地址（192.168.1.1～192.168.1.254）；第二，在Web→高级配置→业务管理→业务策略配置中，建立策略“permit”（可以自定义名称），允许“all工作组”到所有目标地址（0.0.0.1～255.255.255.255）的访问；第三，在Web高级配置→业务管理→全局配置中，取消“允许其他用户”的选中，选中“启用业务管理”，保存。当你是潜在的DDoS攻击受害者，你发现你的计算机被攻击者用作主控端和代理端时，你不能因为你的系统暂时没有受到损害而掉以轻心，攻击者已发现你的系统的漏洞，这对你的系统是一个很大的威胁。因此，一旦发现系统中存在 DDoS 攻击的工具软件要及时把它清除，以免留下后患。被动防御不是最终的解决办法，必须各界联手进行主动防御，不仅要过滤攻击的流量，还要反溯谁在攻击。

二、黑客

Hacker——黑客，黑客这个名词是由英文 hacker 音译过来的，而 hacker 又源于英文动词 hack。（hack 在词典里的意思为：劈，砍。引申为“干了一件不错的事情”）。黑客并不是指入侵者。黑客起源于 20 世纪 50 年代麻省理工学院的实验室。他们喜欢追求新的技术、新的思维，热衷于解决问题，他们是热衷于研究、撰写程序的专才，且具备乐于追根究底、探究问题的特质。在黑客圈中，hacker 一词无疑带有正面的意义。例如，system hacker 熟悉操作系统的设计与维护；password hacker 精于找出使用者的密码；computer hacker 则是通晓计算机，可让计算机乖乖听话的高手。但到了 20 世纪 90 年代，黑客渐渐变成“入侵者”。因为，人们的心态一直在变，黑客的本质也一直在变。除了那些信奉技术至上的“正统”黑客，还存在着另一种黑客，通常我们称之为“骇客”，这些人同样具有深厚的计算机技术知识，但是他们却以破坏为乐，其中有一些黑客甚至还受雇于某些公司，为其窃取竞争对手的资料。还有许多所谓的黑客，在掌握技术后，干起非法的事情。例如，进入银行系统盗取信用卡密码，利用系统漏洞进入服务器后进行破坏，利用黑客程序（如特洛伊木马）控制别人的计算机……于是，传媒把“黑客”这个名词强加在“入侵者”身上，人们认为，黑客就是入侵者。而真正的黑客是指真正了解系统，对电脑有创造有贡献的人们，而不是以破坏为目的的入侵者。能否成为一名成功的黑客，最重要的是心态，而不是技术。对一个黑客来说，学会入侵和破解是必要的，但最主要的还是编程。毕竟，使用工具是体现别人的思路，而程序是自己的想法。用一句话来总结就是“编程实现一切”。寻找系统漏洞、入侵系统、通知系统管理员修补漏洞是黑客入侵的经典过程，由此可见，黑客对网络的安全功不可没。一般来说，由于真正的黑客不容易受到人们的注意，因此绝大部分的人都已经把骇客当成黑客。为了叙述方便，本节将统一使用“黑客”这个称谓，而不再对两者进行区分。

（一）黑客集散地

1. 黑客 X 档案

黑客 X 档案以黑客文化为主题，讲求自由、平等、随意、突破，是一个黑客技术与网络安全的综合性网站。

2. 安全焦点

安全焦点是国内目前顶级的网络安全站点，其中云集的大批知名黑客，足以让其他所有的黑客团体黯然失色。他们开发的网络安全软件已经成为众多网站必选的产品。

3. 看雪学院

看雪学院网站是国内顶级的破解论坛、资深的软件加解密技术性网站，主要研究加解密、逆向工程等。

4. 黑客基地

黑客基地是由国内外大型 IT 公司和安全公司的网络精英及安全专家共同联合发起设立，专门从事黑客技术与安全防范研究的非营利性组织。

5. 中国 X 黑客小组

中国 X 黑客小组是一个集黑客技术、安全防御、编程技术于一体的黑客网站，内容比较新颖。

6. 黑白网络

黑白网络主要介绍各种黑客软件、黑客教程及黑客技术等。

7. 赛门铁克

赛门铁克是全球著名的信息安全企业，在安全领域具有相当权威的地位，正因为如此，其官方提供的技术文件也成为黑客的理想教材。

8. 天天安全网

天天安全网是国内一个相当著名的黑客网站，除了提供大量黑客软件及黑客教程，还提供最新的黑客软件升级信息以及系统、软件的相关安全新闻。

9.Microsoft 官方网站

作为全球最大的个人计算机操作系统开发商，Microsoft（微软）的官方网站上有大量的技术文件，这些文件都是黑客感兴趣的目标。

（二）黑客的攻击手法

1. 钓鱼法

钓鱼法顾名思义就是吸引用户上钩，最常见的就是通过广告或邮件吸引用户打开某些网页或执行某些程序，一旦用户上当，黑客就可以通过木马程序入侵这些计算机。

2. 陷害法

如果直接攻击不能奏效，黑客往往也会从杀毒、防火墙软件着手，让这些防护软件出现故障，从而让用户落入病毒、蠕虫等恶意程序的包围，进而丢失数据，甚至被 CIH 等类型的病毒破坏硬件。

3. 暴力法

暴力法并非指用武力去攻击对方，而是指通过特殊的软件不断猜测，直到获取正确的密码。

4. 后门法

后门法也是黑客最常用的方法之一，这里所说的后门一般有两类：一类是指因为各种原因感染了木马程序，此时木马程序会在计算机中打开一个隐蔽的后门，黑客就可以通过这个后门自由地进出；另一类后门是指在编写软件时因考虑不周而出现的漏洞，这些漏洞有可能被黑客利用。

第二节　密钥管理基础设施及公钥基础设施

安全是网络活动最重要的保障，随着 Internet 的发展，网络安全问题越来越受到人们的关注。网络交易活动面临着诸如黑客窃听、篡改、伪造等行为的威胁，对重要信息的传递和控制也非常困难，交易安全无法得到保障，一旦受到攻击，就很难辨别所收到的信息是否由某个确定实体发出的，以及信息在传递过程中是否被非法篡改过。而公钥基础设施是当前解决网络安全的主要方式之一。

一、公钥基础设施研究

（一）公钥基础设施的定义

PKI 技术是一种遵循既定标准的密钥管理平台，它的基础是加密技术，核心是证书服务，支持集中自动的密钥管理和密钥分配，能够为所有的网络应用提供加密和数字签名等密码服务及所需要的密钥和证书管理体系。简单来说，PKI 就是利用公开密钥理论和技术建立提供安全服务的、具有通用性的基础设施，是创建、颁发、管理、注销公钥证书所涉及的所有软件、硬件集合体，PKI 也可以用来建立不同实体间的“信任”关系，它是目前网络安全建设的基础与核心。

在通过计算机网络进行的各种数据处理、事务处理和商务活动中，涉及业务活动的双方能否以某种方式建立相互信任关系并确定彼此的身份是至关重要的。而 PKI 就是一个用于建立和管理这种相互信任关系的安全工具。它既能满足电子商务、电子政务和电子事务等应用的安全需求，又可以有效地解决网络应用中信息的保密性、真实性、完整性、不可否认性和访问控制等安全问题。

（二）公钥基础设施的内容

PKI 一般包括以下十个功能组件：

1.认证中心

CA 是 PKI 的核心组成部分，也是证书签发的机构，更是 PKI 应用中权威的、可信任的、公正的第三方机构。CA 向主体发行证书，该主体成为证书的持有者，通过 CA 在数字证书上的数字签名来声明证书特有的身份。CA 是信任的起点，各个终端实体必须对 CA 高度信任，因为它们要通过 CA 来保证其他主体。认证中心主要由六部分组成：①签名和加密服务器；②密钥管理服务器；③证书管理服务器；④证书发布和 CLR 发布服务器；⑤在线证书状态查询服务器；⑥Web 服务器。

认证中心就是一个用于确保这种信任关系的权威实体，它是 PKI 的核心执行机构，主要职责如下：①标识证书申请者的身份；②确保 CA 用于签名证书的非对称密钥的质量和安全性；③管理证书信息资料。

2.证书库

证书库是已颁发证书和已撤销证书的集中存放地，也是网上的公共信息库。CA 将证书发送到 X.500 格式的目录服务器上，用户可通过 LDAP 目录访问协议已经颁发的证书、下载证书撤销列表。证书库支持分布式存放。可采用数据库镜像技术，将相关的证书和证书撤销列表从目录服务器下载并存储到本地，以提高证书的查询效率，这是一个大型的 PKI 系统的基本应用需求。

3.证书撤销

CA 通过签发证书来绑定用户的身份和公钥，这种绑定关系在已经颁布证书的正常生命周期内是有效的。PKI 一般使用证书撤销列表机制进行证书撤销。证书撤销发生在证书取消阶段。CA 根据其运行策略定期更新 CRL，并将 CLR 发布到目录服务器上，以供系统的用户进行查询。因此，在验证证书的有效性时，需要检查它是否位于 CRL 中。

4.密钥备份与恢复

公钥密码可用于数字签名和加/解密。与这两种用途对应的有两个密钥对：签名密钥对和加密密钥对。签名密钥对由签名私钥和解签公钥组成。由于数字签名具有不可否认性，签名私钥只能由所有者一人保存，不能做任何备份和存档，以保证签名的唯一性。解签公钥需要存档，用于验证旧的数字签名。一旦签名密钥丢失，就只能重新生成新的签名密钥对。

由于签名私钥不能备份，故密钥的备份与恢复主要是针对解密私钥。当用户遗忘了解密私钥的访问口令或存储解密私钥的物理介质被破坏时，用加密公钥加密密文数据就无法恢复，所以需要对该密钥进行备份并能够及时恢复。

密钥备份发生在证书的初始阶段。当密钥对用于数据加密时，CA 将对其中的解密私钥进行备份。密钥恢复发生在证书的颁发阶段。当终端用户的解密私钥丢失时，CA 从密钥备份和恢复服务中恢复该密钥。

5.自动密钥更新

因为安全的问题，密钥和证书的有效期是有限的，需要定期进行更新。如果是手动更新，就会降低 PKI 的系统的可用性，因为有些用户可能忘记更新，知道密钥和证书过期，无法获取相关服务。因此，自动密钥更新服务是必要的。

自动密钥更新是指 PKI 自动完成密钥和证书的更新，无须用户干预。PKI 会定时检查证书的有效期，当有效期临近结束时，启动更新过程，生成新的密钥对和新的证书，并将证书自动更新到证书库中，该过程与初始化阶段的证书生成和分发类似。在证书颁发时即被赋予一个有效期。一般来说，当密钥和证书的生存期到达有效期的80%时，自动密钥更新就会发生。这是考虑到PKI在处理时耗费的时间和可能的延迟，避免密钥和证书相关操作产生中断。

6.密钥历史档案

密钥更新的存在意味着经过一段时间每个用户都会有多个旧证书和至少一个“当前”证书。这一系列证书和相应的私钥组成了用户密钥历史档案。记录整个密钥历史是十分重要的，因为某个用户五年前加密的数据无法用现在的私钥解密，这个用户需要从密钥历史档案找到正确的解密密钥来解密数据。类似地，需要从那个密钥历史档案中找到合适的证书来验证五年前的数字签名。PKI提供管理密钥历史档案的功能，保存所有的密钥，以便正确地备份和恢复密钥，通过查找正确的密钥来解密数据。

7.交叉认证

在不同的PKI之间建立信任关系，进行安全通信，就需要进行“交叉认证”。也就是每个不同的PKI用户彼此要验证对方的证书。“交叉认证”是PKI中的一个重要的概念，通过把以前无关的CA连接在一起，扩大信任域的范围，促使各个体群之间的安全通信成为可能。

8.支持不可否认

一个PKI用户经常实行与他身份相关的不可否认的操作，PKI必须能支持避免或阻止否认，这就是不可否认的特点。一个PKI本身不可能提供真正完全的不可否认的功能，需要人工分析，判断证据，并作出决断。然而，PKI必须提供所需要的技术上的证据，以支持决策，并提供数据来源认证和可信时间的数字签名。

9.安全时间戳

支持不可否认的一个关键因素，就是在PKI中使用安全时间戳。PKI中必须有用户可信任的权威时间源，虽然权威时间提供的时间并不需要正确，仅仅需要用作为一个参照时间完成基于PKI的事务处理。

10.客户端软件

如果用户没有发出请求，PKI通常不会做任何事。用户最终要在本地平台运行客户端软件来完成请求工作，客户端软件必须询问证书和相关的撤销信息，必须理解密钥历史档案，知道何时请求密钥更新或密钥恢复操作，同时必须知道何时为文档请求时间戳。没有软件，就不能使用PKI提供的功能。客户端软件独立于其他应用程序，应用程序通过标准接口访问客户端软件，再由客户端软件访问PKI，最终完成用户请求功能。

（三）公钥基础设施的理论基础与计算机网络安全

1.PKI 的理论基础是基于密码学的

密码学＝密码编制学＋密码分析学。一个密码系统包含：明文字母空间、密文字母空间、密钥空间和算法。密码系统的两个基本单元是算法和密钥。算法是一些公式、法则或程序，规定明文和密文之间的变换方法；密钥可以看成算法中的参数。算法是稳定的，可以把算法视为常量；反之，密钥则是一个变量。为了密码系统安全，频繁更换密钥是必要的。

2.密码体制

密码体制从原理上可分为两大类，即单钥体制和双钥体制。单钥体制的加密密钥和解密密钥相同。系统的保密性主要取决于密钥的安全性。如何将密钥安全可靠地分配给通信对方是非常复杂而困难的，若密码管理处理不好就很难保证系统的安全保密。双钥体制的每个用户都有一对选定的密钥：一个是可以公开的密钥，另一个则是秘密的。因此，双钥体制又称作公钥体制。这一体制是 PKI 发展的理论基础。

3.计算机网络的安全隐患

计算机网络的安全主要涉及高速电子信道传输的数据的安全问题，它包含两个主要内容：保密性，即防止非法地获悉数据；完整性，即防止非法地修改数据。两种形式的攻击威胁计算机网络通信安全：第一种是被动窃听，通常指非法搭线窃听，截取通信内容后进行密码分析，在计算机网络通信环境，这种攻击形式还可以用来监视网络通信的信号流，并确定通信双方的身份；第二种是主动窃听，通常指非法修改计算机网络中传输的报文。例如，插入一条非法的报文、重发原先的报文、删除一条报文、修改一条报文等。

二、PKI 提供的服务与应用

（一）PKI 提供的服务

PKI 作为安全基础设施，为不同的用户提供多种安全服务，这些安全服务可以分为核心服务和支撑服务两大类。

1.核心服务

核心服务主要包括认证服务、完整性服务及保密性服务。

认证服务就是确认实体是自己所声明的实体，在应用程序中有实体鉴别和数据来源鉴别两种形式。例如，甲需要验证乙所用证书的真伪。当乙在网络上将证书传送给甲时，甲使用 CA 的公钥解开证书上的数字签名，如果签名通过验证，则证明乙持有的证书是真的。甲还需要验证乙身份的真伪。乙可以将自己的口令用自己的私钥进行数字签名传送给甲，甲已经从乙的证书中或从证书库中查明了乙的公钥，甲就可以用乙的公钥来验证乙的数字签名。如果该签名通过验证，乙在网络中的真实身份就能够确定，并能获得甲的信任；反之，当乙确定了甲的真实身份后，甲乙双方就可以建立相互信任关系。

完整性服务是指数据接收方可以确认收到的数据是否同发送方发出的数据完整一致。这种方法实质是一种数字签名过程，它首先利用 Hash 函数提取数据“指纹”，然后将数据和其“指纹”信息一起发送到对方，对方收到数据后，重新利用 Hash 函数提取数据“指纹”并与接收到的数据“指纹”比对，进而判断数据是否被篡改。如果敏感数据在传输和处理过程中被篡改，接受方就不会收到完整的数据签名，验证就会失败；反之，如果签名通过了验证，就证明接收方收到的是未经修改的完整数据。

保密性服务是为了确保数据的秘密，即除了指定的实体，无人能读出这段数据。保密性服务提供一种“数字信封”机制，发送方先产生一个对称密钥，并用该对称密钥加密敏感数据。同时，发送方还用接收方的公钥加密对称密钥，就像把它装入一个“数字信封”。然后，把被加密的对称密钥（“数字信封”）和被加密的敏感数据一起传送给接收方。接收方用自己的私钥拆开“数字信封”，并得到对称密钥，再用对称密钥解开被加密的敏感数据。

2.支撑服务

支撑服务主要包括安全时间戳、公证服务及不可否认服务。

安全时间戳是一个可信的时间权威，使用一段可以认证的数据来表示。最重要的不是时间本身的真实性，而是相对时间（日期）的安全。安全时间戳服务使用 PKI 的认证和完整性服务。公证服务提供一种证明数据的有效性和正确性的方法。这种公证服务依赖于需要验证的数据和数据验证方式。在 PKI 中，经常需要验证数据包括：Hash 签名、公钥和私钥等。验证的内容主要是数据的合法性和正确性，验证的方法主要是鉴别签名。

不可否认性服务提供一种防止实体对其行为进行抵赖的机制，它从技术上保证实体对其行为的认可。实体的行为多种多样，抵赖问题随时都可能发生，在各种实体行为中，人们更关注发送数据、收到数据、传输数据、创建数据、修改数据以及认同实体行为等的不可否认性。在 PKI 中，由于实体的各种行为只能发生在它被信任之后，因此可通过时间戳标记和数字签名来审计实体的各种行为。通过这种审计将实体的各种行为与时间和数字签名绑定在一起，使实体无法抵赖其行为。

（二）PKI 的应用

PKI 的应用是非常广泛的，并且在不断地发展之中。

1.VPN

VPN 是一种建立在公网上的虚拟专用网络。它是利用 IPSec、PPTP、L2TP 协议和建立在 PKI 基础上的加密与数字签名技术获取私有性的网络。在 VPN 中使用 PKI 技术能增强 VPN 的身份认证能力，从而确保数据的完整性和不可否认性。使用 PKI 技术能够有效建立和管理信任关系，利用数字证书既能够阻止非法用户访问 VPN，又能够限制合法用户对 VPN 的访问，同时还能够对用户的各种活动进行严格审计。

2.安全电子邮件

电子邮件的安全问题集中表现在以下两个方面：第一，在通信双方全然不知的情况下，所传递的邮件信息被截取、阅读或篡改；第二，无法确定所收到的邮件是否真的来自发信人，即可能收到的是别人伪造的邮件。

在这两类问题中，第一类是安全问题，第二类是信任问题。电子邮件同样需要保密性、完整性、不可否认性和可鉴别性。这些安全需求可从 PKI 技术获得：一方面利用数字证书和私钥，用户可以对其所发的电子邮件进行数字签名；另一方面可以利用加密技术充分保障电子邮件内容的机密性。

（三）Web 安全

结合 SSL 协议和数字证书，PKI 技术可以保证 Web 交易多方面的安全需求，使 Web 上的交易和面对面交易一样安全。

（四）电子商务的应用

SET 协议是 PKI 技术解决电子商务安全问题的关键。它是 Visa 和 Master 机构共同制定的一个能保证通过开发网络进行安全电子支付的技术标准。在通信中，利用数字证书可以消除匿名带来的风险，同时保证消息不可否认性，这样商业交易就可以安全地在网上进行。

网络安全是保证网络应用的基础。网络的安全应用离不开 PKI 技术，PKI 技术能够较好地满足网络应用中的机密性、真实性、完整性、不可否认性和存取控制等安全需求。PKI 技术很有发展前途，只是在我国的应用才刚刚起步。此外，CA 作为电子商务的特殊实体，必须具有权威性，这种权威性来自政府或公共组织的授予；它必须使公众所依赖的机构颁发的证书可信；它必须是公正的。

三、基于公钥的 Zigbee 网络安全构架

传感器技术、数据通信技术、计算机技术是传感网络的三大关键技术。Zigbee 是一种低功耗的局域网技术，相对于其他短距离无线通信技术，其功耗和成本较低，作为物联网的一种重要组成技术，能够应用于蓝牙、Wi-Fi、超宽带、手机及其他无线技术不能覆盖的大部分领域。

（一）Zigbee 传感网络结构

典型的 Zigbee 应用系统涉及多种信号的检测和控制。因为 Zigbee 的无线特性，增加了传感器布局的灵活性和隐蔽性，还能防止通信电缆被破坏，从而可以有效提高网络的安全性。

（二）传感网络的安全隐患

传感网络一般以多跳无线的方式建立，通信路径由网络中的节点本身与其周围其他节点进行通信而建立起来。由于再生能源技术目前还不成熟，一般多采用电池给传感器提供能源，会出现一个节点频繁地进行信号发送，能量很快会耗尽，这就影响了整个网络的寿命。为了提高整个网络的生存时间，业界已经开展对动态成簇理论的研究。Zigbee

网络有内置的安全技术，即对称密钥的安全机制，可以保证网络工作正常运行。但从另一个方面看，如果没有适合的安全机制，ZigBee 网络将容易遇到故障或者受到攻击。比如，安全监控系统中的恶意系统攻击、节点毁坏，检测系统中的节点故障等。

（三）基于 PKI 的传感网络安全技术

在即将到来的大物联时代，所有的物体都在一个大网络中，作为个体的传感器的安全不容忽视，如何提高传感器局域网络的安全性能将是一个很大的课题。为保障网络的安全，可以从延长网络中节点的生命周期、保障数据通信安全两个角度入手。

1.Zigbee 网络的动态成簇

在网络中要进行数据传输，首要条件是网络中的各节点能够正常工作。由于低功耗、自适应集簇分层型协议在节能方面的表现不是很好，业界将剩余能量和距离作为参数引入算法，从而形成基于能量与距离的 EDBCP（分簇式路由协议）。根据遗传算法中的轮盘赌选择思想确定簇头，而且对簇头之间的距离进行控制，使簇头分布更加均匀。与此同时，监控各节点能耗情况，适时进行重新分簇，以平衡整个网络各节点的能耗，确保网络整体生存时间达到最佳值。簇节点成员和簇头直接进行通信，采用 TDMA（时分多址）信道接入技术，不在时隙内的节点进入休眠状态，节省了单个节点的能量。簇和簇之间采用 CDMA（码分多址）技术避免信息干扰。簇头的选择和簇的建立都是在基站内进行的，基站给每个簇内成员节点分配 TDMA。这样不仅节省了节点的计算能量，避免了簇头和节点之间通信的烦琐，而且因为基站的运算能力比一般的节点强，所以 EDBCP 协议节省了时间。基站在簇头选择、簇组建完成后开始发送广播消息，确定各节点是簇头还是成员节点或所属簇。节点信号中主要包含其能量信息，基站根据节点能量消耗情况，动态调整簇头并重新成簇，以均衡网络内部能耗，从而提升网络生命周期。

2.基于 PKI 的 64 位非对称加密算法

PKI 作为信息安全技术的核心，采用非对称加密算法，被广泛应用于基于 TCP/IP 协议的网络中。Zigbee 的安全机制由安全服务层提供，共三级安全模式：无安全设定、使用接入控制清单、采用高级加密标准（AES128）的对称密码。为保证网络内部通信的畅通和安全，可以在设计过程中将后两种模式结合起来使用。

Zigbee 内置的安全技术——对称密钥的安全机制可以保证网络工作正常运行，但应用层的安全目前尚没有统一的标准，为此可以引入 64 位非对称加密技术。根据公开的 PKI 算法，结合传感器网络各节点的角色定义和安全架构，在 AES128 对称密码算法的基础上进行设计。

（四）无线网络安全方案的应用

根据上述无线网络动态成簇算法和64位非对称加密算法，可以设计一个Zigbee无线网络的安全方案，此安全方案包含两个接口：一个接口面向Zigbee传感器，接口定义包含传感器的身份、信号定义等信息；另一个接口面向应用逻辑层，接口定义包含节点状态、节点能量等信息。对于应用系统，此安全方案封装了网络内部的安全保障机制，动态成簇算法确保了网络内部能耗的均衡性和网络生存时间，而64位非对称加密算法保证了网络通信的安全。对于一个无线传感应用系统，只要确定了节点功能和信号定义，通过本安全方案将传感器端连接到用户应用逻辑层，就可以缩短此类传感网络系统的开发时间。

第三节 重要的安全技术

一、杀毒软件技术

杀毒软件是我们见得最多，也用得最为普遍的安全技术方案，因为这种技术实现起来最为简单，但我们都知道杀毒软件的主要功能就是杀毒，功能十分有限，不能完全满足网络安全的需要。这种方式或许能满足个人用户或小企业的需要，但如果个人或企业有电子商务方面的需求，就不能完全满足了。可喜的是，随着杀毒软件技术的不断发展，现在的主流杀毒软件可以同时预防木马及其他的一些黑客程序的入侵。还有的杀毒软件开发商同时提供了软件防火墙，具有一定的防火墙功能，在一定程度上能起到硬件防火墙的功效，如KV300、金山防火墙、Norton防火墙等。

（一）使用杀毒软件的原因

随着网络时代的到来，计算机病毒越来越猖狂，为了防止计算机病毒危害电脑，使用杀毒软件是很有必要的。

1.计算机病毒的危害

计算机病毒，一个骇人听闻的名字，我们每个人都害怕自己的电脑沾上这种可怕的东西，一中毒，要么丢一些文件，要么甚至连计算机都可能被废掉。因此，病毒从出现之日起就给我们带来了巨大的损伤。随着 IT 技术的不断发展和网络技术的更新，病毒在感染性、流行性、欺骗性、危害性、潜伏性和顽固性等几个方面也越来越强。

2.如何预防计算机病毒

目前通过网络应用（如电子邮件、文件下载、网页浏览）进行传播已经成为计算机病毒传播的主要方式。因此，选择必要的杀毒软件就变得非常有必要。现在比较常用的杀毒软件有：国内开发的瑞星杀毒软件和 360 杀毒软件以及国外开发的诺顿杀毒软件和卡巴斯基杀毒软件。究竟我们用哪种杀毒软件比较合适呢？下面我们比较一下这几种常见的杀毒软件，希望能给大家选择杀毒软件提供一些帮助。

（二）常用杀毒软件功能的比较

1.瑞星杀毒软件的功能

（1）后台查杀

后台查杀是指所有查杀任务都转入后台执行，前台仅显示查杀的状态和结果，即通过手动查杀、空闲时段查杀等方式开始查杀病毒后，即使关闭了杀毒软件主程序，查杀任务仍在继续执行。

（2）断点续杀

断点续杀是指当查杀任务正在执行时选择停止查杀，在下次启动查杀任务的时候，能够从上次停止的地方继续查杀。这样节省了用户的时间，从而提高了工作效率。

（3）异步杀毒处理

异步杀毒处理即病毒查杀和病毒处理是完全分开的，在查杀的过程中如果发现病毒，会提示用户进行处理。与此同时，在用户处理过程中查杀仍然在继续，不会中断，耽误查杀时间，查杀和处理可以异步完成。用户可以在查杀完成后，再选择如何处理病毒。

（4）空闲时段查杀

空闲时段查杀是一种全新的查杀方式，融合了断点续杀、异步病毒处理、后台查杀等各种技术。空闲时段查杀以任务为导向进行病毒查杀，可以多个任务同时执行，并且根据各个任务的优先级执行。在任务开始时（比如，到达定时的时间或进入屏幕保护模式）自动执行后台查杀；在任务结束时自动保存查杀状态，以便下次任务开始时进行断点续杀。空闲时段查杀根据用户建立的查杀任务及查杀对象进行循环查杀，并且支持异步杀毒处理，用户可以在方便的时候选择如何处理病毒。

（5）应用程序控制

应用程序控制允许用户对监控设置进行个性化定义，来监控程序的运行状态，拦截进程的异常行为，从而为用户提供个性化的保护。

在将一个程序添加至应用程序控制中时采用向导的方式，并且添加程序时是以分类规则模板为基础的，即应用程序控制将各个规则策略分类并集成为模板，每个分类规则模板都是各种不同规则的集合。在将一个软件添加到应用程序控制中时，不用添加单个规则，仅需要选择相应的分类规则模板即可。同时，增加和修改的规则可以另存为模板，模板也可以导出进行备份，增加了可操作性，简化了操作，更方便用户使用，以及与其他用户共享、交换模板。

（6）木马入侵拦截（网站拦截）

木马入侵拦截（网站拦截）基于网页木马行为分析的技术，检测网页中的恶意程序和恶意代码，可以有效拦截网页恶意脚本或病毒，阻止病毒通过网页或挂马网站进行传播。同时，用户可以根据自己需求，设置独特的行为检测范围，使木马入侵拦截（网站入侵）可以最大限度地保护系统。木马入侵拦截（网站拦截）突破了原来网页脚本扫描只能通过特征进行查杀的技术壁垒，解决了原网页脚本监控无法对加密变形的病毒脚本进行处理的问题。由于采用的是行为检测查杀，对网页挂马一类的木马有很好的防御和处理能力。

2.360 杀毒软件的功能

360 杀毒软件是一款集反病毒、反间谍软件、反钓鱼欺骗、隐私保护等功能于一体的免费安全工具，其安装过程并不复杂，与通常的软件安装相比，只是多了激活的步骤和初始配置。首先下载安装程序，下载后双击安装文件即可进行安装。360 杀毒软件，准确地说是 360 安全卫士的一个组件，但是可以独立运行。在安装过程中会提示你输入激活码，你只要点击“下一步”，按提示注册 360 网站的用户，然后即可获取激活码。当然，你也可以在奇虎 360 安全卫士的软件中点击“360 杀毒”，然后按照提示操作获取激活码，将激活码复制到前面的窗口中，即可完成激活操作。接下来，按照向导提示完成最后升级、快速扫描等相关选项，也就是360杀毒的初始配置。

经过前面的安装和配置工作，我们就可以体验免费的360杀毒软件了。下面我们看看其杀毒的具体操作以及实时保护功能。打开360杀毒软件，软件主界面显示了当前的状态，正常情况下会提示“系统处于安全保护状态”，在右侧可以看到默认反病毒、反钓鱼欺骗、隐私控制以及自动升级都处于“保护中”状态。在主界面下方，是常用的几项快速任务，包括：立即升级、扫描我的文档、全面扫描和全盘快速扫描。具体功能非常好理解，如果为了节省时间，首先可以进行一次“全盘快速扫描”。从实际使用来看，360杀毒软件的扫描速度非常快，很快就能得到扫描结果，扫描结果中有详细的报告统计，包括：扫描过的文件、被感染的文件、可疑文件、隐藏文件、隐藏进程等。对于有问题的文件，360杀毒软件提供了几种处理方式：删除、移动到隔离区和不做任何操作。根据用户的选择，点击“继续”后，360杀毒将很快完成操作。

为了测试360杀毒软件的实时监控能力，我们特意直接运行可疑的病毒样本文件，360杀毒软件表现相当好，马上拦截，并给出具体的病毒名称等相关细节，只是目前界面似乎还存在一些小问题。通过右键菜单中的“启用360杀毒扫描”选项，也可以很快查杀到病毒。

安装360杀毒软件后，在浏览器中已经加入了反钓鱼功能。针对目前各类钓鱼、仿冒网站很多的情况，360杀毒软件的这一功能，显然可以有效地对一些木马网站、假冒网站起到防范作用。用户可以给信任的网站设置白名单。

此外，360杀毒软件还提供了游戏模式，只要点击任务栏上的托盘图标，从中选择“开启游戏模式”即可，这是360杀毒非常人性化的设计，启动游戏模式后360杀毒将会关闭所有的弹出窗口和警报，同时开放所有端口方便用户玩游戏，并且实时监控的级别会自动设置为“低”，让用户玩游戏时不受任何影响。

总的来说，360杀毒软件作为一款免费的全功能安全工具，具有杀毒、实时保护、浏览器保护、隐私控制等诸多功能，结合国家知名杀毒厂商Bit Defender的杀毒技术，表现非常不错，而最难能可贵的是杀毒和响应的速度都很快，实时保护功能也不错，真正可以让用户的电脑实时免受病毒、间谍软件和其他恶意软件的危害。

除了以上两种，常用的杀毒软件还有金山毒霸、东方微点等，杀毒效果都不错。然而，仅仅安装好杀毒软件是远远不够的。“三分技术，七分管理”是网络安全领域的一句至理名言，其原意是：网络安全中的30%依靠计算机系统信息安全设备和技术保障，而70%则依靠用户安全管理意识的提高以及管理模式的更新。具体到网络版杀毒软件来说，三分靠杀毒技术，七分靠网络集中管理。因此，及时更新杀毒软件是非常必要的。只有这样，我们的这块“盾”才会保持坚硬，再厉害的病毒都“刺”不穿，我们的机密、我们的计算机才安全。

二、防火墙技术

（一）防火墙的概念

防火墙是指设置在不同网络（如企业内网和公共网络）之间的一系列部件的组合，是不同网络之间的唯一出入口，能够根据安全需求控制出入网络的信息流，被称为网络安全的第一道防线。

防火墙具有以下基本特性：

第一，内部网络和外部网络之间的所有网络数据流都必须经过防火墙。只有防火墙成为内外网络之间通信的唯一通道，才可以全面有效地保护目标网络不受攻击。这个通道是目标网络的边界，防火墙的目的就是在这个边界实现审计和控制出入网络的数据。但是，对于不通过防火墙的数据，防火墙则无法监控。

第二，只有符合安全策略的数据流才能通过防火墙。防火墙的基本功能是保证数据的合法性，在此前提下将数据快速从一条链路转发到另外一条链路。它从网络接口接收数据后，在适当的协议层检测数据是否满足相应的规则，将符合规则的数据从相应网络接口送出，丢弃不符合规则的数据。

第三，防火墙自身具有很强的抗攻击能力。防火墙处于网络边界，时刻需要面对网络攻击，这就要求防火墙自身必须能够抵御攻击，特别是运行防火墙的操作系统必须可信。另外，防火墙上不应运行其他服务程序。

防火墙对网络的保护主要体现在两个方面：①防止非法的外部用户越权访问内网资源；②允许合法的外部用户在指定权限内访问指定的内网资源。

（二）防火墙的功能

1.服务控制

这是防火墙的基本功能，可以制定安全策略，只允许不同网络间相互交换与指定服务相关的数据通过；可以过滤不安全的服务以降低安全风险；可以保护网络中存在漏洞的服务；可以指定外部用户只能访问指定站点的指定服务而禁止对其他站点的访问。

2.方向控制

防火墙还可以限制某个服务的发起端，仅允许网络之间交换由某个特定终端发起的与指定服务有关的数据。例如，可以设置一条安全策略，仅允许内部主机访问公共网络的 Web 服务，但不禁止外部主机访问内部网络的 Web 服务。

3.用户控制

防火墙可以对网络中的各种访问行为统一管理，提供统一的用户身份认证机制，然后设置每个用户的访问权限，根据认证结果确定该用户本次访问的合法性，从而实现对用户访问过程的控制。

4.行为控制

防火墙可以制定安全策略对网络访问的内容和行为进行控制，例如可以过滤垃圾邮件，可以过滤内部用户访问外部网获得的敏感信息，可以限制指定时间内针对指定服务器的 TCP 连接次数，可以限制指定时间内下载的数据流量，还可以分析网络数据以检测是否存在网络攻击。

5.监控审计

防火墙可以记录所有的网络访问并写入日志文件，同时提供网络使用的统计数据，以监测监控网络使用是否正常。

（三）防火墙的分类

防火墙的分类方式有很多种：根据受保护的对象，可以分为网络防火墙和单机防火墙；根据防火墙主要部分的形态，可以分为软件防火墙和硬件防火墙；根据使用防火墙的对象，可以分为企业级防火墙和个人防火墙；根据防火墙检查数据包的位置，可以分为包过滤防火墙、应用代理防火墙和状态检测防火墙。

1.网络防火墙和单机防火墙

网络防火墙是指用来保护某个网络安全的防火墙，目前所使用的防火墙大都是网络防火墙；单机防火墙主要是为了保护单独主机而设计的防火墙。

一般来说，为了保护网络中的主机安全，人们大多会选用网络防火墙。但对于网络中一些重要的主机，也需要给它们加装单机防火墙。

2.软件防火墙和硬件防火墙

软件防火墙是指防火墙的所有组件都为软件，不需要专用的硬件设备，Check Point软件技术有限公司的 Firewall-1 就是这样的一种防火墙；而硬件防火墙则需要专用的硬件设备，目前国内的防火墙基本上属于这一类型。

3.企业级防火墙和个人防火墙

企业级防火墙主要为企业上网服务。它能够进行复合分层保护，支持大规模本地和远程管理，同时和 VPN 相结合，从而扩展了安全联网基础设施，并且可以应用于大规模网络。这类防火墙拥有强大的、灵活的认证功能，允许企业配置它们从而实现对现有数据库的安全传送，并且可以充分利用网络带宽。而个人防火墙主要是为了防护个人的主机，一般就是前面所述的单机防火墙，其功能一般较为简单。

4.包过滤防火墙、应用代理防火墙和状态检测防火墙

包过滤防火墙是在网络层对数据包进行选择，选择的依据是系统内设置的访问控制表。通过检查数据流中每个数据包的源地址、目的地址、所用的端口号、协议状态等因素，来确定是否允许该数据包通过。这种防火墙逻辑简单，价格便宜，易于安装和使用，网络性能和透明性好。然而，非法访问一旦突破防火墙，即可对主机上的软件和配置漏洞进行攻击；同时，数据包的源地址、目的地址以及 IP 的端口号都在数据包的头部，很有可能被窃听或假冒。

应用代理防火墙是内网与外网的隔离点，能够监视和隔绝应用层通信流，同时也常结合包过滤器功能。应用代理防火墙在 OSI 参考模型的最高层工作，掌握着应用系统中可用作安全决策的全部信息。此类防火墙的安全性比包过滤防火墙高，但它的效率则相对较低。

状态检测防火墙把包过滤的快速性和应用代理的安全性很好地结合在一起，目前已经是防火墙最流行的检测方式。

状态检测防火墙试图跟踪通过防火墙的网络连接和包，这样防火墙就可以使用一组附加的标准，以确定允许或拒绝通信。

状态检测防火墙不仅可以跟踪包中包含的信息，还能够记录有用的信息以帮助识别包，如已有的网络连接、数据的传出请求等。

状态检测防火墙可截断所有传入的通信，允许所有传出的通信。防火墙会根据系统内部的请求，只允许按要求传入的数据通过，而未被请求的传入通信则会被截断。

（四）防火墙的体系结构

在实际网络环境中部署防火墙时，通常采用单一包过滤防火墙、单穴堡垒主机、双穴堡垒主机或屏蔽子网等结构，部署方式通常只选择其中的一种。

1.单一包过滤防火墙结构

单一包过滤防火墙结构是最简单的、基于路由器的包过滤体系结构，常见于家庭网络或小企业网络，防火墙上通常结合了NAT（网络地址转换）、路由器和包过滤的功能。由于 NAT 功能的存在，外网主机无法直接向内部主机发起连接，因此单一包过滤防火墙可基本满足内部主机访问外部网络的安全需求。此种结构的主要弱点在于路由器，如果路由器被入侵，则整个内部网络将受到威胁。

2.单穴堡垒主机结构

单穴堡垒主机结构增加了堡垒主机的角色，堡垒主机实际是扮演防火墙的角色，单穴堡垒主机仅有一个接口。

堡垒主机需要具备的主要功能包括以下几种：

①硬件结构和操作系统必须是安全的，具有高可靠性和高安全性，使其难以被攻击。

②不同的应用层代理相互独立，可以动态增删。

③具有用户认证功能。

④具有访问控制功能，确定网络访问范围。

⑤详尽的日志和审计记录功能。

单穴堡垒主机结构将包过滤防火墙的1号接口设置为只接收来自堡垒主机的报文并只发送目标是堡垒主机的报文，强制所有内部网络与外部网络的通信只能通过堡垒主机转发。堡垒主机可以在应用层监控内部网络与外部网络的全部通信。

攻击者单独攻击包过滤防火墙无法对内部网络造成威胁，只能修改包过滤规则阻断与堡垒主机的通信，从而阻断内部网络与外部网络的联系。如果内部主机已经明确设置通过代理访问外部网络，那么攻击者即使修改过滤规则也无法直接与内部网络通信，必须进一步攻击堡垒主机才能奏效，因此该体系结构相对于单一包过滤防火墙具有更高的安全性。该类结构的主要问题是堡垒主机直接暴露在攻击者面前，一旦堡垒主机被攻陷，整个内部网络将受到威胁。

3.双穴堡垒主机结构

双穴堡垒主机结构无须在包过滤防火墙做规则配置，即可迫使内部网络与外部网络的通信经过堡垒主机，避免了包过滤防火墙失效导致内部网络可能与外部网络直接通信的情况。双穴指具有两个接口，堡垒主机同时连接两个不同网络，即使包过滤防火墙出现问题，内部网络和外部网络之间的通信链路也必须经过堡垒主机，而单穴堡垒主机可能会因为内部主机没有明确设置代理，导致被攻击者绕过堡垒主机直接攻击。因此双穴堡垒主机结构相比单穴堡垒主机结构安全性更高，攻击者只有通过堡垒主机和包过滤防火墙两道屏障才能够成功。

4.屏蔽子网结构

屏蔽子网结构根据安全等级将内部网络划分为不同子网，内网 1 的安全系数更高，攻击者如果想入侵内网 1，必须入侵两个包过滤防火墙及一台堡垒主机，攻击的难度系数将极大增加。内网 2 可以理解为隔离区，将内网 1 和外部网络隔开，充当内网 1 和外部网络的缓冲区，攻击者要想进入内网 1 必须穿过内网 2，此时攻击者被发现的概率会极大增加。这种结构具有很高的安全性，因此被广泛采用。

（五）防火墙的建立步骤

成功创建一个防火墙系统一般需要六个步骤：制定安全策略、搭建安全体系结构、制定规则次序、落实规则集、注意更换控制和做好审计工作。建立一个可靠的规则集对于创建一个成功、安全的防火墙来说是非常关键的一步。如果防火墙规则集配置错误，再好的防火墙也只是摆设。在安全审计中，经常能看到一个巨资购入的防火墙由于某个规则配置的错误而将机构暴露于巨大的危险之中。

1.制定安全策略

防火墙和防火墙规则集只是安全策略的技术实现，在建立规则集之前，必须首先理解安全策略。安全策略一般由管理人员制定，假设它包含以下三方面内容：

①内部员工访问，因特网不受限制。

②因特网用户有权访问公司的 Web 服务器和 E-mail 服务器。

③任何进入公用内部网络的数据必须经过安全认证和加密。

实际的安全策略要远比这些复杂。在实际应用中，需要根据公司的实际情况制定详细的安全策略。

2.设计安全体系结构

作为一个安全管理员，需要将安全策略转化为安全体系结构。根据安全策略“因特网用户有权访问公司的 Web 服务器和 E-mail 服务器”，首先为公司建立 Web 和 E-mail 服务器。由于任何人都能访问 Web 和 E-mail 服务器，因此这些服务器是不安全的。

3.制定规则次序

在建立规则集时，需要注意规则的次序，哪条规则放在哪条规则之前是非常关键的，同样的规则以不同的次序放置，可能会完全改变防火墙的运转情况。

4.落实规则集

选择好素材后就可以建立规则集。一个典型的防火墙的规则集包括十二个方面，下面简单介绍一下。

①切断默认。首先需要切断数据包的默认设置。

②允许内部出网。允许内部网络的任何人出网，与安全策略中所规定的一样，所有的服务都被许可。

③添加锁定。添加锁定规则，阻塞对防火墙的访问，这是所有规则集都应有的一条标准规则，除了防火墙管理员，任何人都不能访问防火墙。

④丢弃不匹配的信息包。在默认情况下，丢弃所有不能与任何规则相匹配的信息包，但这些信息包并没有被记录。把它添加到规则集末尾来改变这种情况，这是每个规则集都应有的标准规则。

⑤丢弃并不记录。通常网络上大量被防火墙丢弃并记录的通信通话会很快将日志填满，这就需要创立一条丢弃或拒绝这种通信通话但不记录它的规则。

⑥允许 DNS 访问。允许因特网用户访问内部的 DNS 服务器。

⑦允许邮件访问。允许因特网用户和内部用户通过 SMTP（简单邮件传输协议）访问邮件服务器。

⑧允许 Web 访问。允许因特网用户和内部用户通过 HTTP（超文本传输协议）访问 Web 服务器。

⑨阻塞 DMZ。禁止内部用户公开访问 DMZ。

⑩允许内部的 POP（邮局协议）访问。允许内部用户通过 POP 访问邮件服务器。

⑪强化 DMZ 的规则。DMZ 应该从不启动与内部网络的连接。

⑫允许管理员访问。允许管理员以加密方式访问内部网络。

5.更换控制

当规则组织好后，应该写上注释并经常更新，注释可以帮助理解每一条规则。对规则理解得越好，错误配置的可能性就越小。对那些有多重防火墙管理员的大机构来说，建议当规则被修改时，把下列信息加入注释中，这可以帮助管理员跟踪查找是谁修改了哪条规则以及修改的原因，这些信息包括：①规则更改者的名字；②规则变更的日期时间；③规则变更的原因。

三、文件加密和数字签名技术

与防火墙配合使用的安全技术还有文件加密与数字签名技术，它是为提高信息系统及数据的安全性和保密性，防止秘密数据被外部窃取、侦听或破坏所采用的主要技术手段之一。随着信息技术的发展，网络安全与信息保密日益引起人们的关注。目前，各国除了从法律上、管理上加强数据的安全保护，还从技术上分别在软件和硬件两方面采取措施，推动着数据加密技术和物理防范技术的不断发展。按作用不同，文件加密和数字签名技术主要分为数据传输加密技术、数据存储加密技术、数据完整性鉴别技术以及密钥管理技术四种。

（一）数据传输加密技术

使用数据传输加密技术的目的是对传输中的数据流加密，常用的方式有线路加密和端对端加密两种。前者不考虑信源与信宿，是对保密信息通过各线路采用不同的加密密钥提供安全保护；后者则指信息由发送者端通过专用的加密软件，采用某种加密技术对所发送文件进行加密，把明文（也即原文）加密成密文（加密后的文件，这些文件内容是一些看不懂的代码），然后进入 TCP/IP 数据包封装穿过互联网，当这些信息到达目的地，收件人会运用相应的密钥进行解密，使密文恢复成为可读数据明文。目前最常用的加密技术有对称加密技术和非对称加密技术。对称加密技术是指同时运用一个密钥进行加密和解密。非对称加密方式就是加密和解密所用的密钥不一样，它有一对密钥，称为“公钥”和“私钥”，这两个密钥必须配对使用，也就是说用公钥加密的文件必须用相应人的私钥才能解密，反之亦然。

（二）数据存储加密技术

使用这种加密技术的目的是防止在存储环节上的数据失密，可分为密文存储和存取控制两种。前者一般是通过加密法转换、附加密码、加密模块等方法实现。比如，PGP

加密软件，它不光可以为互联网上通信的文件进行加密和数字签名，还可以对本地硬盘文件资料进行加密，防止非法访问。这种加密方式不同于 Office 文档中的密码保护，用加密软件加密的文件在解密前内容都会做一下代码转换，把原来普通的数据转变成一堆看不懂的代码，这样就保护了原文件不被非法阅读、修改；后者则是对用户资格、权限加以审查和限制，防止非法用户存取数据或合法用户越权存取数据。这种技术主要应用于 NT 系统和一些网络操作系统中，在系统中可以对不同工作组的用户赋予相应的权限，进而保护重要数据不被非常访问。

（三）数据完整性鉴别技术

使用这种加密技术的目的是对介入信息的传送、存取、处理的人的身份和相关数据内容进行验证，以达到保密的要求，一般包括：口令、密钥、身份、数据等项的鉴别。系统通过对比验证对象输入的特征值是否符合预先设定的参数，实现对数据的安全保护。这种鉴别技术主要应用于大型的数据库管理系统中，因为一个单位的数据通常是一个单位的命脉，因此保护好公司数据库的安全通常是一个单位网管，甚至是一把手的最重要的责任。数据库系统会根据不同的用户设置不同的访问权限，并对其身份及权限的完整性进行严格识别。

（四）密钥管理技术

数据的加密技术通常是运用密钥对数据进行加密，这就涉及了一个密钥的管理方面，因为用加密软件进行加密时所用的密钥通常不是我们平常所用的密码那样仅几位，至多十几位，一般情况这种密钥达 64 bit，有的达到 128 bit，我们一般不可能完全用脑来记住这些密钥，只能保存在一个安全的地方，所以这就会涉及密钥的管理技术。密钥的保存媒体通常有：磁卡、磁带、磁盘、半导体存储器等。但这些都有损坏或丢失的危险，所以现在的主流加密软件都采取第三方认证（第三方可以是个人，也可以是公证机关）或采用随机密钥来弥补人们记忆上的不足。

四、加密技术在智能卡上的应用

与数据加密技术紧密相关的另一项技术则是智能卡技术。所谓智能卡就是密钥的一种媒体，一般就像信用卡一样，由授权用户所持有并由该用户赋予它一个口令或密码字。该密码与内部网络服务器上注册的密码一致。当口令与身份特征共同使用时，智能卡的保密性能还是相当有效的。这种技术比较常见，也应用得较为广泛。比如，我们常用的IC卡、银行取款卡、智能门锁卡等等。

（一）加密技术分类

密码学发展至今，产生了很多密码算法。有的算法已在学术刊物中披露，而更多的却作为军事、商业及贸易等秘密被严加保密。现代密码可以概括为：序列密码、分组密码及公共密钥密码三种类型，同时与密码技术相关联的还有密钥管理和密码分析。

1.序列密码

序列密码是指利用少量的密钥（制乱元素）通过某种复杂的运算（密码算法）产生大量的伪随机位流，用于对明文位流的加密。解密是指用同样的密钥和密码算法及与加密相同的伪随机位流，用以还原明文位流。序列密码由密钥和密码算法两部分构成。密钥在每次使用之前都要变换，一般存储在密码设备内部，或从外部输入密码设备。密码算法在较长时间内是固定的。密钥的灵活变换是这一密码算法的活跃因素，而安全保密的关键则在于密码算法的复杂性。序列密码一般应满足以下三个方面的要求：一是足够长的周期；二是较高的复杂性；三是产生的密钥流符合随机检验的要求。序列密码的优点是运算速度快，密文传输中的错误不会在明文中产生扩散。其缺点是密钥变换过于频繁，密钥分配较难。但由于序列密码历史悠久、理论完善，目前仍是国际密码应用的主流。

2.分组密码

分组密码是将明文按一定的位长分组，明文组和密钥组全部经过加密运算得到密文组。解密时密文组和密钥组经过解密运算（加密运算的逆运算），还原成明文组。分组密码的优点是：密钥可以在一定时间内固定，不必每次变换，因此给密钥配发带来了方便。但是，由于分组密码存在密文传输错误在明文中扩散的问题，因此在信道质量较差的情况下无法使用。

3.公共密钥密码

无论是序列密码还是分组密码，其加密和解密密钥均是相同的，因此必须严格保密，且要经安全渠道配发，这在跨越很大的地理位置上应用是一个难以解决的问题。1976

年有人提出了公共密钥密码体制，其原理是加密密钥和解密密钥分离。这样，一个具体用户就可以将自己设计的加密密钥和算法公之于众，而只保密解密密钥。任何人利用这个加密密钥和算法向该用户发送的加密信息，该用户均可以将之还原。因此，人们通常也将这种密码体制称为双密钥密码体制或非对称密码体制。与此相对应，将序列密码和分组密码等称为单密钥密码体制或对称密钥密码体制。公共密钥密码的优点是不需要经安全渠道传递密钥，极大地简化了密钥管理。它的算法有时也称为公开密钥算法或简称为公钥算法。

1978 年有人提出了公共密钥密码的具体实施方案，即 RSA 方案。1991 年提出的 DSA 算法也是一种公共密钥算法，在数字签名方面有较大的应用优势。目前，国际上在智能 IC 卡上应用得较多的加密解密算法是 DES 算法、RSA 算法及 DSA 算法。

（二）密码技术在 IC 卡上的应用模式

目前，随着网络技术的飞速发展，网络应用已深入社会的各个领域，而互联网更是逐步走入千家万户。在这样一个网络信息平台上，人们迫切希望获得真实、安全、可靠的信息，密码技术和 IC 卡技术的结合必将成为在这一平台上保护信息安全的重要技术手段。在 IC 卡特别是智能卡应用方面，信息安全的保密性、完整性及可获取性等都涉及密码技术。密码技术在有关 IC 卡的安全应用主要有信息传输保护、信息认证及信息授权（数字电子签名）等三种模式。密码技术和 IC 卡，特别是智能 IC 卡技术的结合必将具有十分广阔的应用和发展前景。信息传输保护，对 IC 卡处理、传输的信息进行保护是密码应用最重要的方面。采用密码技术的基本思想是将保护大量的明文信息问题转化为保护少量密钥信息的问题，使得信息保护问题易于解决。为防止对传输信息的非法截取，采用密码技术对传输信息进行加密保护，使得非法截取的信息不可读、不可知，具有十分重要的意义。

首先，因为 IC 卡的应用和计算机密切相关，并且其中有些安全保护概念就来源于此，因此先对计算机网络的传输加密做简单介绍。在计算机网络中的传输加密，通常分为链路加密和端端加密。链路加密是对通过每条链路的全部信息进行加密；端端加密是在信息发送的起点加密，在信息接收点解密。链路加密的优点是全部信息包括信息头都加密，在每条链路上流经的都是密文信息；缺点是信息每经过一个节点就要解密，然后再加密。因此，在信息传输的每一个节点上信息要暴露。端端加密的优点是信息在每一节点上都不暴露，缺点是信息头不能加密。为了安全，也有将两种方式结合使用的。与此相对应，在智能 IC 卡上也存在着类似的传输信息保护方式，一般有三种方式：一是认证传输方式；二是加密传输方式；三是混合传输方式。

1.认证传输方式

认证传输方式就是将在 IFD（接口设备）和 ICC（IC 卡）之间传输的信息附加上相应的认证信息。在 IFD 和 ICC 之间传输的信息可以简单分为两部分：一是信息头，主要为传输控制信息，如传输方式等；二是信息主体。

在认证传输方式中，发送端利用相应的加密算法及加密密钥将待传输信息的信息头和信息主体进行加密，得到的密文附加在明文信息尾部传输给接收端。接收端收到该信息后按发送相反的顺序对接收到的信息进行认证，认证通过则进行相应处理，否则送回相应错误信息。在具体的智能 IC 卡应用中，信息发送、接收端分别为 IFD 或 ICC，采用不同的加密算法，密钥分配、工作顺序也不相同。以采用 DES 算法为例，认证传输的前提就是在 IFD 和 ICC 之间有一公共密钥，在每次认证传输之前，发送端向接收端请求一中间密钥，发送端根据此中间密钥，利用公共密钥导算出加密密钥，再对传输信息做传输认证。如果系统设计合理，附加的认证信息除具有认证功能外，还应具有检错甚至纠错功能。

认证传输方式具有如下特点：一是传输的信息为明文，不具有保密性；二是附加认证信息可以具有信息认证、检错、纠错等多种功能，但绝不是一般的冗余校验。

2.加密传输方式

加密传输方式就是将信息加密之后再进行传输。加密之后的信息具有保密性，但不具备检错、纠错等功能。此外，在一种具体的 IC 卡应用中，可能同时存在几种传输方式，此次传输所使用的传输方式必须在信息头中说明。因此，应用加密传输方式时的信息头或部分信息头不能被加密，否则接收端将因无法确认传输方式而不能正确地接收信息。

3.混合传输方式

混合传输方式就是将认证传输方式和加密传输方式的优点结合起来，对待传输的信息既认证又加密。一般在具体实施时先对信息进行认证，然后加密。因为这几种信息传输方式主要是以时间及空间换来信息传输安全的，所以在一种 IC 卡的具体应用中，完全可以视不同情况交替使用或根本不使用这几种信息传输方式。

4.信息认证与授权

信息认证的目的是防止信息被篡改、伪造或信息接收方事后否认。特别是对于某些开放环境中的信息系统来讲，确保其认证十分重要。认证技术是现代各种计算机通信网络、办公自动化、电子资金转账系统、自动零售服务网络等系统设计中的重要组成部分。今后，在IC卡应用系统中必将广泛使用。信息认证主要有以下两种方式：

（1）信息验证

防止信息被篡改，保证信息的完整性，使得有意或无意地篡改了信息后接收者可以发现，其中最简单的为纯认证系统。采用该认证系统的关键在于防止认证码的破译，必须有良好的认证算法和密钥。它将信息通过密钥和某一特定算法进行加密，然后压缩成一个“信息摘要”，附加在信息之后，接收方收到信息和“信息摘要”之后，用相同的密钥和算法对信息进行验证，如果信息被篡改，必然与所附“信息摘要”不符，从而可以及时发现。例如，可以利用DES算法做信息验证，如果信息过长，可用Hash算法先对信息进行压缩，再进行验证运算。为没有防范进行信息验证双方的任何措施，纯认证系统必须建立在双方互相信赖的基础上。当然，纯认证系统主要是针对来自进行信息验证双方以外因素的有意或无意的破坏、干扰等。

（2）数字电子签名

目前，越来越多的敏感数据和文档使用电子服务设施。比如，电子邮件、电传等进行信息处理和传输，这也使得电子签名变得特别重要和迫切。

A方要发送一个信息给B方，既要防止B方或第三方伪造，又要防止A方事后因对自己不利而否认，通常采用数字签名的方法解决这一问题。

数字签名必须满足三个条件：第一，收方应能确认发方的签名，但不能伪造（收方条件）；第二，发方发送签名信息后，不能否认他已签名的信息（发方条件）；第三，公证方能确认收发双方的信息，作出仲裁，但不能伪造成这一过程（公证条件）。

为实现数字签名，用上面的纯验证技术还不行，一般用公钥密码方案解决。用户A设计好公钥密码方案。如选用RSA算法，设计好加密密钥E、解密密钥D并将有关算法及加密密钥公布或单独发放给B。对于信息M，A方用解密密钥D计算D（M），发给B方，B方用A方发放的加密密钥E计算E（D（M））=M，此时，B方掌握了D（M）和M。因为只有A掌握并了解密钥，其他人包括B都无法伪造，如果A方事后否认，B方可以用D（M）和M诉之于公证人裁决；反之，B也可以设计自己的签名方案并发放给A。

数字电子签名必须禁止原始发送者之外的其他人员再产生此次签名，同时还必须有一个个人化特性并被每一人校验。为避免拷贝，不仅不同的文本给以不同的签名，而且同样的文本也必须给以不同的签名，以区别不同的版本。例如，两个具有同样内容的电子公函。若被签名的文本过长，超过了定义的签名串，则可以利用 Hash 算法对文本进行适当的压缩处理等。智能 IC 卡特别适用于改善计算机、信息通信系统等的安全性。其中一个最重要的应用就是利用数字签名机制实现文档的合法接收，类似的应用领域还有贸易、金融、办公自动化等。这种数字电子签名并无保密功能。若要保密，则需要对签名的密文再进行加密。

五、访问控制技术

在网络中要确认一个用户，通常的做法是身份验证，但是身份验证并不能告诉用户能做些什么，而访问控制技术则能解决这个问题。

（一）访问控制的定义

访问控制是策略和机制的集合，它允许用户对限定资源进行授权访问，它也可保护资源，防止那些无权访问资源的用户的恶意访问或偶然访问。访问控制是信息安全保障机制的核心内容，它是实现数据保密性和完整性的主要手段。它是对信息系统资源进行保护的重要措施，也是计算机系统中最重要和最基础的安全机制。然而，它无法阻止被授权组织的故意破坏。

（二）主流访问控制技术

目前的主流访问控制技术有：DAC（自主访问控制）、MAC（强制访问控制）、RBAC（基于角色的访问控制）。

1.DAC

自主访问控制机制允许对象的属主来制订针对该对象的保护策略。通常 DAC 通过授权列表或访问控制列表来限定哪些主体针对哪些客体可以执行什么操作，如此将可以对策略进行非常灵活的调整。由于 DAC 的易用性与可扩展性，自主访问控制机制经常被用于商业系统。

自主访问控制中，用户可以针对被保护对象制定保护策略。

①每个主体拥有一个用户名并属于一个组或具有一个角色。

②每个客体都拥有一个限定主体对其访问权限的访问控制列表。

③每次访问发生时都会基于访问控制列表检查用户标志，以实现对其访问权限的控制。

在商业环境中，由于自主访问控制机制易于扩展和理解，因此大多数系统仅基于自主访问控制机制来实现访问控制，如主流操作系统、防火墙等。

2.MAC

MAC 用来保护系统确定的对象，对此对象用户不能进行更改。也就是说，系统独立于用户行为强制执行访问控制，用户不能改变他们的安全级别或对象的安全属性。这样的访问控制规则通常对数据和用户按照安全等级划分标签，访问控制机制通过比较安全标签来确定是授予还是拒绝用户对资源的访问。强制访问控制进行了很强的等级划分，所以经常被用于军事领域。

在强制访问控制系统中，所有主体（用户、进程）和客体（文件、数据）都被分配了安全标签，安全标签起标识安全等级的作用。主体（用户、进程）被分配一个安全等级，客体（文件、数据）也被分配一个安全等级，访问控制执行时对主体和客体的安全级别进行比较。

用一个例子来说明强制访问控制规则的应用，如 Web 以“秘密”的安全级别运行，一旦 Web 服务器被攻击，攻击者只能在目标系统中以“秘密”的安全级别进行操作，而不能访问系统中安全级为“机密”及“高密”的数据。

3.RBAC

RBAC 的核心思想是将权限与角色联系起来，在系统中根据应用的需要为不同的工作岗位创建相应的角色，同时根据用户职责指派合适的角色，用户通过所指派的角色获得相应的权限，实现对文件的访问。也就是说，传统的访问控制是直接将访问主体（发出访问操作，有存取要求的主动方）和客体（被调用的程序或欲存取的数据访问）相联系，而 RBAC 在中间加入角色，通过角色沟通主体和客体。

（三）访问控制机制

保护网络资源不被非法使用是访问控制的主要任务，访问控制也是网络信息安全的主要安全策略。下面笔者就访问控制所涉及的几种技术进行简单介绍。

1.入网访问控制

所谓入网，就是指用户登录网络，访问控制对哪些用户能够进入网络进行严格控制，控制的内容包括他们的上网时间、从哪个工作站登录，控制的主要手段就是对用户的登录名和口令进行验证，一旦发现不匹配的用户或口令就予以拒绝，多次登录不成功者则给予警告。

2.权限控制

用户和用户组都有被赋予的权限，该权限控制他们所能够访问的目录、子目录、文件和资源，并且限制他们对于这些资源的操作范围。我们大致上可以根据用户权限把他们分为三类：系统管理员、一般用户和审计用户。

3.目录级安全控制

用户对目录和文件的访问权限有八种：系统管理、读、写、创建、删除、修改、文件查找、访问控制。用户在目录一级的权限对该目录所有文件生效，另外还有委托权限和继承权限，管理员应当为用户指定适当的访问权限，利用上述八种访问权限的组合应用，加强对用户访问资源的控制，提高服务器和网络的安全。

4.属性安全控制

属性设置可以覆盖已经指定的任何受托者指派和有效权限。属性控制的权限包括：向文件写数据、拷贝文件、删除目录或文件、查看目录和文件、执行文件、隐含文件、共享、系统属性等。系统管理员在权限的基础上再设置属性，从而进一步提高网络安全性。

5.服务器安全控制

服务器的安全控制有以下两个功能：

①设置口令锁定服务器控制台：锁定可以保护数据，用户只能看，不能动。

②时间设定：控制服务器允许登录的时间。

六、安全隔离技术

面对网络攻击手段的不断更新和高安全网络的特殊需求，基于全新安全防护理念的安全隔离技术应运而生。该技术的目标是在确保把有害攻击隔离在可信网络之外，并保证可信网络内部信息在不外泄的前提下，完成网间信息的安全交换。隔离概念的出现，是为了保护高安全度的网络环境。

（一）安全隔离网闸

安全隔离网闸在国内有很多种叫法，有物理隔离网闸、安全隔离与信息交换系统，但其本质上都是为了实现同一个安全目标而设计的，那就是在确保安全的前提下实现有限的数据交流。这点是与防火墙的设计理念截然不同的，防火墙的设计初衷是保证在网络连通的前提下提供有限的安全策略。正是设计目标的不同，注定了网闸并不适用于所有的应用环境，而是只能在一些特定的领域应用。目前国内做网闸的厂家不少，一般网闸支持 Web、Mail、SQL（结构化查询语言）等几大应用，个别厂家设计的网闸支持视频会议的应用。在 TCP/IP 协议层上，网闸可分为单向产品和双向产品，双向产品属于应用层存在交互的应用，如 Web、Mail、SQL 等常见应用都是双向应用。单向应用意为应用层单向，指的是在应用层切断交互的能力，数据只能由一侧主动向另一侧发送，多应用于工业控制系统的 DCS 网络与 MIS 网络之间的监控数据传输，这类产品在应用层上不存在交互，所以安全性也是最好的。

网闸为了强调隔离，多采用“2＋1”的硬件设计方式，即内网主机＋专用隔离硬件（也称隔离岛）＋外网主机，报文到达一侧主机后对报文的每个层面进行监测，符合规则的报文将被拆解，形成所谓的裸数据，交由专用隔离硬件摆渡到另一侧，摆渡过程采用非协议方式，逻辑上内外主机在同一时刻不存在连接，起到彻底切断协议连接的目的。数据摆渡过来后，内网再对其进行应用层监测，符合规则的数据由该主机重新打包并将其发送到目标主机。而防火墙是不会拆解数据包的，防火墙只做简单的转发工作，对转发的数据包进行协议检查后，使符合规则的通过，拦截不符合规则的，防火墙两边主机是直接进行通信的。由于网闸切断了内外主机之间的直接通信，因此连接是通过间接地与网闸建立里连接而实现的，外部网络是无法知道受保护网络的真实 IP 地址的，也无法通过数据包的指纹对目标主机进行软件版本、操作系统的判断，网闸攻击者无法收集到任何有用的信息，从而无法展开有效的攻击行为。而由于防火墙的设计初衷是保证网络传输通畅，因此有些防火墙在大流量的情况下，为了保证自身性能，只对发起连接的前几个包进行规则过滤，而后继报文就直接进行转发，可以说这种设计是相当不安全的。

除硬件的设计优势外，网闸在过滤颗粒度上也会更加细致，能够做到层层设防。各个厂家大多支持根据特殊应用定制专用模块，在应用层上各个厂家的产品差距不大，提供的检测内容也基本相同。网闸在IP层通过MAC绑定策略来提高安全性，比较先进的网闸技术是能够在IP层剥离除ARP（地址解析协议）之外的所有协议，并限制ARP的应答，使非授权主机根本无法得知网闸的存在，更不用提与另外一侧的通信了。

（二）双网隔离技术

与因特网物理隔离是组建内部局域网的最高安全技术手段，但同时也限制了工作人员对因特网的访问。为了保证工作人员对内网和外网的同时使用，可以使用单、双布线网络系统。

1.单布线网络系统解决方案（只建立一套网络系统）

方案一：对现有单布线网络系统进行双网改造，采用双机双网或单机双网。

方案二：不改动现有单布线网络系统，增配网络安全隔离集线器和安全隔离卡实现单机双网。

2.双布线网络系统解决方案（同时建立两套物理隔离的网络系统）

方案一：双机双网，每人配备两台电脑，分别连接内、外网络。

方案二：单机双网，每人配备一台具有安全隔离卡的电脑，使用双硬盘或同一硬盘区分工作区访问内、外网络。

参 考 文 献

[1] 董伟. 计算机病毒分析及防治策略[J]. 信息与电脑，2009，（07）：14-15.

[2] 霍燕斌. 浅议计算机信息安全所面临的威胁以及防范技术[J]. 计算机光盘软件与应用，2012（01）：29-30，48.

[3] 李军华，黎明，袁丽华. 基于个体相似度交叉率自适应的遗传算法[J]. 系统工程，2006，（09）：108-111.

[4] 林晓鹏. 云计算及其关键技术问题[J]. 现代电子技术，2013，36（12）：67-70.

[5] 刘宝旭，徐菁，许榕生. 黑客入侵防护体系研究与设计[J]. 计算机工程与应用. 2001（08）：1-3，29.

[6] 刘富强，单联海. 车载移动异构无线网络架构及关键技术[J]. 中兴通讯技术，2010，16（03）：47-51，60.

[7] 刘鸿雁，胡春静，李远. 分层异构无线网络的协议架构和关键技术[J]. 电信科学，2013，29（06）：17-24.

[8] 刘侃，章兢. 基于自适应线性元件神经网络的表面式永磁同步电机参数在线辨识[J]. 中国电机工程学报，2010，30（30）：68-73.

[9] 刘胜娃，陈思锦，李卫，等. 企业私有云平台安全技术研究[J]. 现代电子技术，2014，37（02）：88-90，94.

[10] 刘小勇. 公钥基础设施（PKI）技术及应用研究[J]. 中国西部科技，2009，8（16）：12-14，28.

[11] 刘晓玲，许三忠. 浅谈网络病毒及其危害[J]. 济南职业学院学报，2008（05）：117-120.

[12] 穆杨. 浅谈计算机网络安全的影响因素与应对措施[J]. 黑龙江科技信息，2011（30）：98.

[13] 南湘浩，网络安全技术概论[M]. 北京：国防工业出版社，2003.

[14] 彭燕，基于 ZigBee 的无线传感器网络研究[J]. 现代电子技术，2011，34（05）：49-51.

[15] 商娟叶. 浅谈计算机网络病毒的防治措施[J]. 新西部（下半月），2008（10）：219.
[16] 王玲芝，王忠民. 动态调整学习速率的 BP 改进算法[J]. 计算机应用，2009，29(07)：1894-1896.
[17] 王昭，袁春. 信息安全原理与应用[M]. 北京：电子工业出版社，2010.
[18] 吴蒙，季丽娜，王堃. 无线异构网络的关键安全技术[J]. 中兴通讯技术，2008（03）：32-37.
[19] 徐超汉. 计算机网络安全与数据完整性技术[M]. 北京：电子工业出版社，1999.
[20] 闫巍. 网络信息安全威胁与防范措施[J]. 硅谷，2013，6（15）：111，118.
[21] 严有日. 论计算机网络安全问题及防范措施[J]. 赤峰学院学报（自然科学版），2010，26（03）：33-35.
[21] 朱先勇，刘耀辉，张英波，等. 基于 BP 神经网络的球墨铸铁组织和力学性能预测[J]. 湖南大学学报（自然科学版），2007（10）：74-77.